José Abrantes

Desenho Geométrico e Geometria I

A interdisciplinaridade com as Geometrias Plana e Espacial e com a Arte Geométrica

Tipos de letras. Ponto, linha e plano. Instrumentos para a prática manual do Desenho Geométrico. Pares ordenados num plano cartesiano no 1° quadrante. Ângulos, triângulos, quadriláteros e polígonos. Prismas, pirâmides e suas planificações. Exemplo de algoritmo de uma construção geométrica. *Softwares* para Desenhos Geométricos.

EDITORA CIÊNCIA MODERNA

Desenho Geométrico e Geometria I: A interdisciplinaridade com as Geometrias Plana e Espacial e com a Arte Geométrica (Tipos de letras. Ponto, linha e plano. Instrumentos para a prática manual do Desenho Geométrico. Pares ordenados num plano cartesiano no 1° quadrante. Ângulos. Triângulos, quadriláteros e polígonos. Prismas, Pirâmides e suas planificações. Exemplo de algoritmo de uma construção geométrica. *Softwares* para Desenhos Geométricos).

Editor: Paulo André P. Marques
Produção Editorial: Dilene Sandes Pessanha
Diagramação: Daniel Jara
Capa: Daniel Jara
Copidesque: Equipe Ciência Moderna

FICHA CATALOGRÁFICA

ABRANTES, José.

Desenho Geométrico e Geometria I: A interdisciplinaridade com as Geometrias Plana e Espacial e com a Arte Geométrica (Tipos de letras. Ponto, linha e plano. Instrumentos para a prática manual do Desenho Geométrico. Pares ordenados num plano cartesiano no 1° quadrante. Ângulos. Triângulos, quadriláteros e polígonos. Prismas, Pirâmides e suas planificações. Exemplo de algoritmo de uma construção geométrica. *Softwares* para Desenhos Geométricos).

Rio de Janeiro: Editora Ciência Moderna Ltda., 2024.
Coleção "Desenho Geométrico". Volume 1.

1. Matemática, Desenho Geométrico, Geometria Plana. I – Título

ISBN: 978-65-5842-353-9 CDD 510
516

Editora Ciência Moderna Ltda.
Rua Alice Figueiredo, 46 – Riachuelo
Rio de Janeiro, RJ – Brasil CEP: 20950-150
Tel: (21) 2201-6662/Fax: (21) 2201-6896
E-MAIL: LCM@LCM.COM.BR
WWW.LCM.COM.BR

03/24

Apresentação do livro de Desenho Geométrico e Geometria I, interagindo com a Geometria citada na BNCC, referente ao 6º ano do Ensino Fundamental

Em 20 de dezembro de 2017 foi homologada pelo Ministério da Educação a "Base Nacional Comum Curricular – BNCC", para os anos finais do Ensino Fundamental, ou seja: 6º, 7º, 8º e 9º anos. A seguir são citados, para a "Área Temática Geometria", os "Objetos de Conhecimento e as Habilidades" para o 6º ano. A BNCC descreve as habilidades, podendo ser interpretadas como parte dos conteúdos curriculares, ou seja, para atender legalmente, as aulas de Geometria do 6º ano do Ensino Fundamental devem ser preparadas e proferidas, segundo os "Objetos de Conhecimento e as Habilidades", adiante citadas.
Como "ainda" não existe a "Área Temática Desenho Geométrico", o autor aborda os conteúdos do Desenho Geométrico, aplicados ao 6º ano do Ensino Fundamental, procurando a interação com a Geometria, estudada nas disciplinas específicas de Matemática, e segundo a BNCC.
Quando são analisados e comparados os "Objetos de Conhecimento e as Habilidades" da "Área Temática Geometria", com os conteúdos do "Desenho Geométrico" detalhados nesse livro, de início não são notadas correlações, mas à medida que os capítulos vão sendo desenvolvidos notam-se interações, principalmente nos exercícios resolvidos e propostos, onde além da parte gráfica são desenvolvidas operações matemáticas e geométricas, bem como aplicações práticas reais dos conteúdos.

Ensino Fundamental	**Objetos de Conhecimento e Habilidades: Área Temática Geometria.**
6º ano	**Objetos de Conhecimento**: Plano cartesiano: associação dos vértices de um polígono a pares ordenados. Prismas e pirâmides: planificações e relações entre seus elementos (vértices, faces e arestas). Polígonos: classificações quanto ao número de vértices, às medidas de lados e ângulos e ao paralelismo e perpendicularismo dos lados. Construção de figuras semelhantes: ampliação e redução de figuras planas em malhas quadriculadas. Construção de retas paralelas e perpendiculares, fazendo uso de réguas, esquadros e *softwares*. **Habilidades**: **EF06MA16**: Associar pares ordenados de números a pontos do plano cartesiano do 1º quadrante, em situações como a localização dos vértices de um polígono. **EF06MA17**: Quantificar e estabelecer relações entre o número de vértices, faces e arestas de prismas e pirâmides, em função do seu polígono da base, para resolver problemas e desenvolver a percepção espacial. **EF06MA18**: Reconhecer, nomear e comparar polígonos, considerando lados, vértices e ângulos, e classificá-los em regulares e não regulares, tanto em suas representações no plano como em faces de poliedros. **EF06MA19**: Identificar características dos triângulos e classificá-los em relação às medidas dos lados e dos ângulos. **EF06MA20**: Identificar características dos quadriláteros, classificá-los em relação a lados e a ângulos e reconhecer a inclusão e a intersecção de classes entre eles. **EF06MA21**: Construir figuras planas semelhantes em situações de ampliação e de redução, com o uso de malhas quadriculadas, plano cartesiano ou tecnologias digitais. **EF06MA22**: Utilizar instrumentos, como réguas e esquadros, ou *softwares* para representações de retas paralelas e perpendiculares e construção de quadriláteros, entre outros. **EF06MA23**: Construir algoritmo para resolver situações passo a passo (como na construção de dobraduras ou na indicação de deslocamento de um objeto no plano segundo pontos de referência e distâncias fornecidas etc.).

Sobre o autor

José Abrantes nasceu no Rio de Janeiro, em 07/02/1951, tendo a seguinte formação escolar e acadêmica: Técnico de Máquinas e Motores (ETFCSF), Engenheiro Mecânico (UERJ), licenciado em Desenho (UCAM), licenciado em Matemática (UCAM), Especialista em docência do Ensino Fundamental e Médio (UCAM), Especialista em Docência do Ensino Superior (FABES/ISEP), Mestre em Tecnologia – M.Sc. (CEFET/RJ), Doutor em Engenharia de Produção – D.Sc. (COPPE/UFRJ). Pós-Doutorado, voltado à área de educação (FEAGRI/UNICAMP) e Pós-Doutorado, estudando a Pedagogia Empresarial (UFF). Trabalhou sete anos (1970 a 1976) como desenhista e projetista e 22 anos como engenheiro (1977 a 1998), sendo 17 anos como calculista de equipamentos e cinco em fábricas, como gerente de engenharia e manutenção. Entre 1999 e 2002 foi professor de Desenho Técnico da FAETEC. Entre 1998 e 2015 atuou como professor do ensino superior em diversas instituições privadas. É professor associado aposentado do Instituto de Aplicação Fernando Rodrigues da Silveira - CAp/UERJ, onde atuou no Departamento de Matemática e Desenho - DMD (entre 2002 e 2015). Entre janeiro de 2000 e fevereiro de 2023, foi professor do Departamento de Geometria e Representação Gráfica, do Instituto de Matemática e Estatística, da Universidade do Estado do Rio de Janeiro – IME/UERJ, tendo se aposentado em março de 2023, como professor titular.

Um pouco de história e a importância do ensino de "Desenho Geométrico", nos anos finais (6º ao 9º ano) do Ensino Fundamental

A disciplina "Desenho Geométrico" foi componente curricular obrigatório no Ensino Básico brasileiro por cerca de 30 anos, de 1930 a 1960. Na década de 1960, a Lei de Diretrizes e Bases da Educação (LDB), Lei 4.024 de 1961, conferiu novos rumos ao ensino de Desenho no Brasil. Desde então, a disciplina começou a experimentar certo desprestígio, passando a figurar como disciplina obrigatória complementar. A situação agravou-se com a promulgação da LDB 5.692/71 (de 11 de agosto de 1971), que tornou o ensino de Educação Artística obrigatório no Ensino Básico, enquanto o Desenho ficou como disciplinar complementar, não obrigatória. Apenas poucas escolas, em todo o Brasil, mantiveram o ensino de "Desenho Geométrico" na Educação Básica.

Desde dezembro de 1996, com a promulgação da LDB 9.394/96 (Lei Darcy Ribeiro), infelizmente o Desenho, tanto no Ensino Fundamental (Desenho Geométrico), quanto no Ensino Médio (Geometria Descritiva), não se enquadra como disciplina curricular obrigatória, tampouco como disciplina optativa. Também os Parâmetros Curriculares Nacionais - PCNs (1998) para o ensino de Artes, do 6º ao 9º ano, não fazem qualquer referência à disciplina de Desenho. Nos PCNs destinados ao ensino de Matemática para esses mesmos anos, encontram-se alguns poucos indicativos, porém o Desenho aparece servindo apenas como auxiliar na conceituação dos assuntos.

Em 20 de dezembro de 2017 foi homologada, pelo Ministério da Educação, a "Base Nacional Comum Curricular – BNCC", para os anos finais do Ensino Fundamental, ou seja: 6º, 7º, 8º e 9º anos, mais uma vez não citando diretamente o ensino de Desenho Geométrico. Embora não citado claramente, nas Habilidades do 6º ano, fica implícita a prática do Desenho Geométrico, o que pode ser comprovado pelo detalhamento das Habilidades EF06MA21 e EF06MA22 que, respectivamente citam: EF06MA21: construir figuras planas semelhantes em situações de ampliação e de redução, com o uso de malhas quadriculadas, plano cartesiano ou tecnologias digitais; EF06MA22: Utilizar instrumentos, como réguas e esquadros, ou *softwares* para representações de retas paralelas e perpendiculares e construção de quadriláteros, entre outros.

Para além do embasamento legal citado anteriormente, quanto ao ensino de Desenho Geométrico, é comprovado que, ao conduzir o ensino de Desenho Geométrico de forma interrelacionada com o ensino da Geometria, via Matemática, os alunos, já desde o 6º ano, desenvolvem facilidades para aprender mais facilmente a Matemática. Por que isso acontece?

Alguém já disse que: "uma imagem vale mais do que mil palavras". Como a prática do Desenho Geométrico é baseada em imagens de entidades matemáticas, fica mais visual e prático compreender a lógica do raciocínio abstrato da Matemática. Também não se pode omitir que, ao desenhar em folhas de papel, bem como em tela, os alunos desenvolvem mais facilmente suas habilidades viso espaciais e pictóricas, ou seja, habilidades de se expressar por símbolos, figuras, desenhos e gráficos. Em resumo, o ensino de Desenho Geométrico, interrelacionado ao de Geometria, em muito ajuda ao desenvolvimento das habilidades Lógico Matemática, Viso Espacial e Pictórico.

O estudo do "Desenho Geométrico" em muito ajuda a aprendizagem da Geometria, que estuda as figuras relacionando-as com números, que são suas medidas. O desenho geométrico estuda as figuras ou imagens, relacionando-as com suas representações. O desenho concretiza os conhecimentos teóricos da Geometria, conseguindo definir conceitos, demonstrar propriedades e resolver problemas. O aprendizado da Matemática fica muito facilitado, quando se estuda o desenho geométrico, concomitantemente.

Em 1986, foi feita uma pesquisa consistindo de um teste de Geometria aplicado a 136 alunos da 8ª série (atual 9º ano do Ensino Fundamental) de seis escolas de Curitiba, no Paraná, comparando os rendimentos entre aqueles alunos que tiveram e aqueles que não tiveram a oportunidade de estudar Desenho Geométrico. Os resultados mostraram que os alunos das escolas que ofereceram a disciplina "Desenho Geométrico" apresentaram um desempenho significativamente melhor em relação aos outros. Os professores, por outro lado, opinaram que o "Desenho Geométrico" torna concreto os conteúdos abstratos da Geometria e as duas disciplinas se completam. Muitos especialistas em Educação recomendam que o "Desenho Geométrico" retorne como disciplina obrigatória no currículo das séries finais (6º ao 9º anos) do Ensino Fundamental,

recomendando que os conteúdos de Geometria sejam revitalizados tendo em vista uma possível integração com o "Desenho Geométrico".
O professor José Abrantes, após 15 anos lecionando "Desenho Geométrico", no Instituto Fernandes Rodrigues da Silveira, o Colégio de Aplicação da UERJ, e após 23 anos lecionando disciplinas de Representação Gráfica, para cursos de Engenharia da UERJ, bem como Práticas de Ensino, na Licenciatura em Matemática do IME/UERJ, confirma que, tanto nos cursos de Engenharia, quanto na Licenciatura em Matemática, tiveram melhores rendimentos, aqueles alunos que estudaram as disciplinas "Desenho Geométrico" e "Geometria Descritiva".
É dessa forma que estão desenvolvidos os quatro volumes dos livros de Desenho Geométrico do professor José Abrantes, onde os conteúdos, capítulo a capítulo seguem e interagem com as "Habilidades" descritas na "Área Temática Geometria", citadas na BNCC, do 6º ao 9º ano do Ensino Fundamental. Ou seja, não é apenas "ensinar por ensinar" Desenho Geométrico, mas sim ajudar e interagir com o ensino e aprendizado da Matemática.

A prática do Desenho Geométrico na prancheta e na forma digital

Já há algum tempo, muitos profissionais, inclusive professores de Matemática, vivem a ilusão ou crença de que os *softwares* e o computador solucionarão os problemas das "formas geométricas" com criatividade e inovação. Embora as novas gerações de profissionais ligados à área gráfica saibam muito bem usar as ferramentas eletrônicas de Desenho, (e são inquestionáveis as potencialidades dos diversos *softwares* existentes), percebe-se a falta de uma base conceitual e atuações automáticas ou "robotizadas". Será que basta apenas saber usar determinados aplicativos e programas, sem conhecer os fundamentos e os conceitos? Será que o ensino de Desenho, seja através de instrumentos analógicos (régua e compasso), seja via programas gráficos, serve apenas para algumas poucas pessoas (projetistas, engenheiros e arquitetos) exercerem suas profissões? Existem estudos, e práticas pedagógicas, que mostram que o ensino de Desenho Geométrico e da Geometria Descritiva, além de muito auxiliar numa melhor compreensão da Matemática, muito ajuda a desenvolver, tanto o raciocínio lógico, quanto a visão espacial, habilidades fundamentais para a inovação e criatividade, seja em que área for.
A propósito do "pensamento" de algumas pessoas (inclusive professores), que é "besteira" e perda de tempo ensinar Desenho Geométrico e Geometria Descritiva, na Educação Básica, bastando apenas "treinar" o futuro profissional em alguns programas de desenho via computador, deve ser esclarecido que, conforme citado na própria LDB 9.394/96, a Educação Básica não tem como finalidade, apenas, despejar profissionais no mercado. Muito mais do que simples "usuários", todos deveriam aprender a "pensar" e, nisto o ensino de "Desenho Geométrico" muito pode ajudar. O mesmo raciocínio pode ser estendido ao ensino da "Geometria Descritiva".
Nada adianta "apenas" ensinar alguns comandos, por exemplo, do *software* AutoCad®, para estudantes de Engenharia e colocá-los para "fazer" alguns desenhos, de forma automática e sem entender o conceito. Por quê? Porque, na prática, quem desenha com exatidão são os profissionais específicos, chamados desenhistas e projetistas, conhecidos como "Cadistas". Somente em casos muito específicos, é que um engenheiro, realmente, faz um desenho com precisão, por exemplo, no computador. Ou seja, "ensina-se" o uso de uma ferramenta, que não será utilizada constantemente pelo engenheiro, e deixa-se de ensinar, por exemplo, a disciplina, Geometria Descritiva, que é baseada no Desenho Geométrico, que irá realçar as inteligências verbo linguística, lógico matemática, viso espacial e pictórica, estas sim, essenciais ao exercício profissional de diversas áreas.
Observação Geral: Todas as imagens e desenhos deste livro foram geradas usando o programa Word. Os desenhos onde medidas "exatas" são exigidas, primeiro foram gerados em folhas A4, com os instrumentos clássicos de desenho.

SUMÁRIO

Capítulo 1

A natureza do desenho geométrico. Tipos de letras. Materiais e instrumentos utilizados. Escalas gráficas e numéricas. O manuseio do par de esquadros

1.1 O desenho geométrico: ensino, importância e aplicações práticas

O desenho geométrico consiste de um conjunto de processos para a construção de formas geométricas, bem como na resolução de problemas de Geometria, ou seja, Matemática. Classicamente, os desenhos geométricos são feitos com a utilização de instrumentos como: régua, compasso e o par de esquadros. Já há anos que desenhos geométricos podem ser feitos com o auxílio de *softwares* específicos, que simulam os traçados executados pelos instrumentos básicos citados.

O aprendizado do desenho geométrico, em muito auxilia a compreensão da Geometria, bem como de partes da Álgebra. Em termos de aplicações práticas reais, os elementos e as figuras geométricas estão presentes nos desenhos técnicos projetivos. Além de básico para áreas como Engenharia, Arquitetura e Desenho Industrial (*Design*), o aprendizado do desenho geométrico ajuda ao desenvolvimento das habilidades pictóricas e visuais, importantíssimas nas mais diversas atividades humanas.

Outra característica do desenho geométrico é permitir a execução de belas obras no campo da chamada "Arte Geométrica". No capítulo 7 deste livro são mostradas diversas composições artísticas geométricas, utilizando os elementos e figuras geométricas, estudadas ao longo do livro.

1.2 Tipos de letras e números padronizados usados em desenho geométrico

Existem dois tipos de letras: a cursiva e a desenhada. A cursiva, também conhecida como "letra de mão", é aquela que compões a escrita individual de cada pessoa. Em desenho geométrico utiliza-se uma letra desenhada, que segue normas técnicas sendo, portanto, padronizada.

A norma ABNT NBR 8402, da Associação Brasileira de Normas Técnicas, fixa as características desta escrita usada em desenhos e documentos, incluindo desenhos geométricos. Pode ser produzida tanto à mão livre, com o auxílio de instrumentos, como por meio do computador.

No Brasil, esta escrita é feita com letras tipo bastão ou letra de imprensa, maiúsculas e minúsculas, podendo ser, tanto na vertical, quanto inclinadas a 75° (75 graus). Os números e símbolos também seguem estas posições. A distância entre os caracteres deve corresponder, no mínimo a, duas vezes a largura da linha, conforme Figuras 1.1 a, b, c e Tabela 1.1. transcritos da norma NBR 8402.

A altura h, que corresponde à altura das letras maiúsculas, possui razão dois (2), correspondente à razão dos formatos de papel usados em desenhos geométricos. O tamanho da letra e ou número está diretamente relacionado ao tamanho da folha. Formatos maiores, admitem letras maiores e vice versa. As alturas h e c não devem ser menores do que 2,5 mm. Na aplicação simultânea de letras maiúsculas e minúsculas, a altura h não deve ser menor que 3,5 mm.

Características	Relação	Dimensões (mm)						
Altura das letras maiúsculas = h	(10/10) h	2,5	3,5	5	7	10	14	20
Altura das letras minúsculas = c	(7/10) h	-	2,5	3,5	5	7	10	14
Distância mínima entre caracteres = a	(2/10) h	0,5	0,7	1	1,4	2	2,8	4
Distância mínima entre linhas de base = b	(14/10) h	3,5	5	7	10	14	20	28
Distância mínima entre palavras = e	(6/10) h	1,5	2,1	3	4,2	6	8,4	12
Largura da linha = d	(1/10) h	0,25	0,35	0,5	0,7	1	1,4	2

Tabela 1.1: proporções e dimensões de símbolos gráficos
(*Fonte*: NBR 8402)

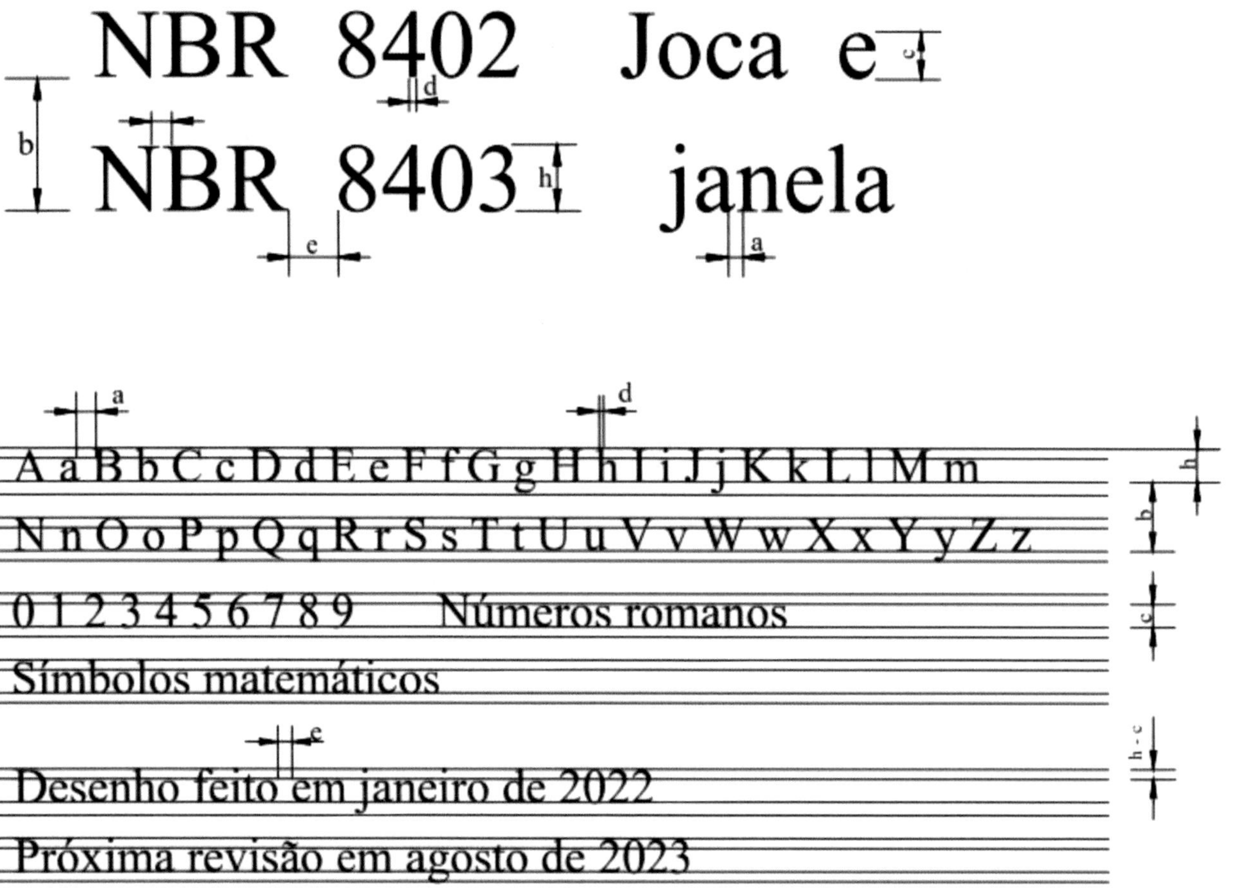

Figura 2.1 (b): características da escrita vertical

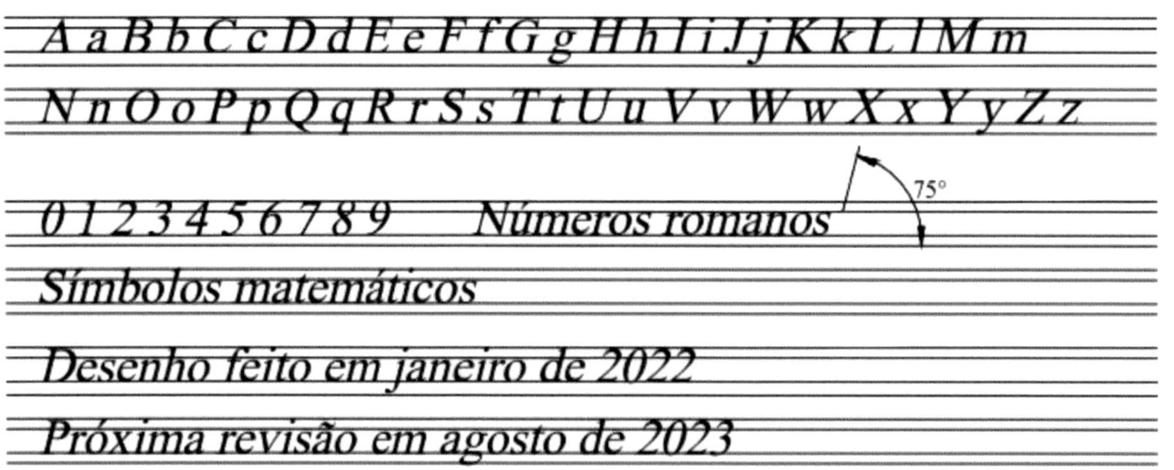

Figura 2.1 (c): características da escrita inclinada

Quando se escreve usando o programa Word, a letra que mais se aproxima da tipo bastão é a Arial.

1.3 Características das folhas de papel usadas em desenhos geométricos (e técnicos)

A Associação Brasileira de Normas Técnicas – ABNT, através da Norma NBR 10068 (Folha de Desenho. Leiaute e Dimensões), define os seguintes formatos (dimensões), que normalmente são usados para a execução de desenhos técnicos profissionais: A0, A1, A2, A3 e A4. Existem outros formatos, mas estes são os mais utilizados. Para desenhos geométricos, executados no Ensino Fundamental do 6º ao 9º ano, podem ser utilizados os formatos A4 ou cadernos de desenhos, com folhas na horizontal (ou deitadas) e sem linhas. Esses cadernos têm as dimensões 275 mm x 200 mm, inclusive com divisões para o aluno colocar seus dados como: nome, turma, nome do professor, data e tipo de trabalho.
Os tamanhos de papel definidos pela norma ABNT 10068 têm a particularidade de a razão entre sua altura e sua largura ser exatamente igual à raiz quadrada de dois ($\sqrt{2}$), o que significa que quando, por exemplo, se unem duas folhas A4 obtém-se uma folha A3, com exatamente o dobro da área e com as mesmas proporções.
O tamanho A4 tem essa designação porque é a quarta divisão consecutiva do tamanho A0, que se caracteriza por ter exatamente um metro quadrado (1 m^2) de área com lados na razão de um para raiz quadrada de dois.
O tamanho ABNT do papel para desenhos técnicos, obedece ao sistema métrico, onde uma folha A0 tem 1 m^2, sendo que uma folha A0 equivale a duas folhas A1 ou quatro A2, oito A3 e 16 A4. A tabela e a figura a seguir mostram as proporções, dimensões e detalhes da folha A4.

Formato	Largura x Altura (mm*)
A0	841 x 1.189
A1	594 x 841
A2	420 x 594
A3	297 x 420
A4	210 x 297

*mm é a abreviatura de milímetro, que é a milésima parte de um metro (m) e cm é a abreviatura de centímetro, que é a centésima parte de um metro. As réguas plásticas, normalmente vendidas com comprimentos de, 10, 20 e 30 cm, têm as divisões maiores em centímetros e as menores em milímetros.

A folha formato A4, muito utilizada em desenho geométrico, além das dimensões: 210 mm (21 cm) de largura e 297 mm (29,7 cm) de altura, tem uma margem esquerda de 25 mm (2,5 cm) e margens direita, superior r inferior de 7 mm (0,7 cm).

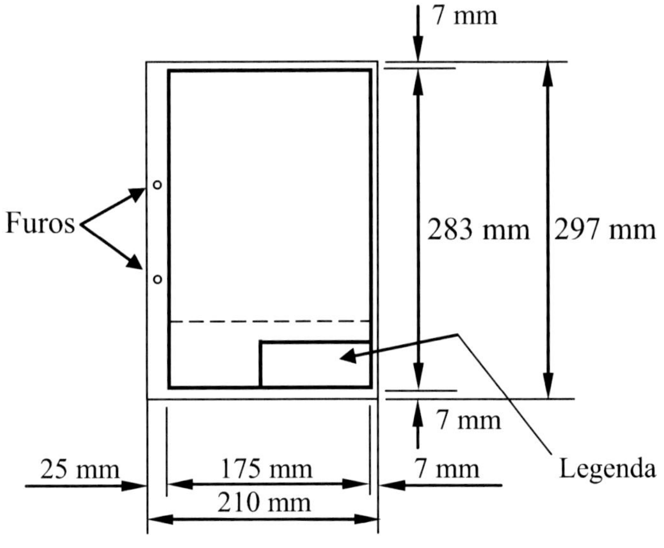

Notas:

1) É na margem esquerda que são feitos os furos para o arquivamento em pastas.

2) É na legenda que são colocadas informações Como: nome, turma, data, etc.

Figura 1.2: detalhes da folha tamanho A4

1.4 Os tipos de grafites usados em desenhos geométricos

Para desenhos feitos à mão com os instrumentos clássicos, são usadas lapiseiras ou lápis, ou seja, grafite. Além de diversas espessuras, existem diversos tipos ou tons de grafite, indo do mais claro, que é o 9H, até o mais escuro, que é o 9B. Observa-se que, quanto mais claro (série H) mais duro e quanto mais escuro (série B), mais macio. Já o grafite usado nos lápis de madeira só apresenta as seguintes quatro classificações: B, H, F e HB. Estas letras vem dos seguintes termos em inglês:

B é *blackness* ou negritude; H é *hardness* ou dureza; F é *fine* ou ponta fina e HB é um tipo de grafite de dureza média, que está entre o H e o B. Considerando uma escala do mais rígido para o mais macio, os grafites apresentam a seguinte classificação:

9H - 8H - 7H - 6H - 5H - 4H - 3H - 2H - H - F - HB - B - 2B - 3B - 4B - 5B - 6B - 7B - 8B - 9B.

Quanto maior o número, mais acentuada é a característica, representada pela letra, ou seja: 9H é mais duro que o 3H, enquanto um 9B é mais macio que o 2B.
Uma dúvida que surge, especialmente entre os iniciantes no desenho geométrico é quanto a qual tipo de grafite usar. Embora a escolha seja pessoal, já que depende inclusive se a pessoa tem a mão mais "pesada" ou mais "leve", podem ser feitas as seguintes recomendações:
Traçado de linhas e escritas, costuma-se usar a dureza média: HB ou F.
De modo geral, utilizam-se os grafites mais duros (série H) para obter traçados claros e os mais suaves (série B) para obter sombras e preencher áreas mais escuras. Deve ser dito que, os mais duros são mais difíceis de serem apagados (usando a borracha tipo plástica), enquanto os mais suaves podem ser totalmente apagados, sem deixar sulcos no papel. Ainda, de forma geral, na prática, do desenho geométrico à mão e instrumentos, usando o papel tipo Canson, trabalha-se normalmente na faixa entre o F, HB e B.

1.5 Tipos de linhas usadas em desenho geométrico

Quanto à forma (morfologia) as linhas podem ser classificadas como:

Linha sinuosa: 

Linha curva: 

Linha mista: 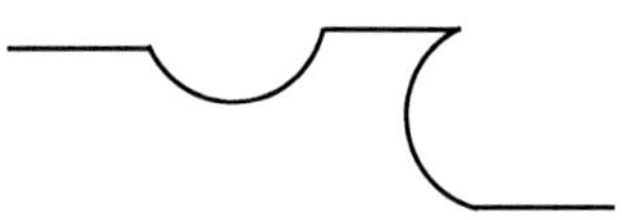

Linha poligonal: 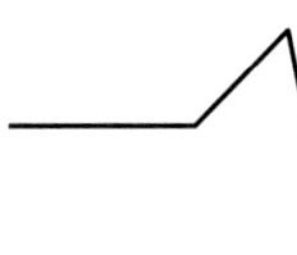 Aberta

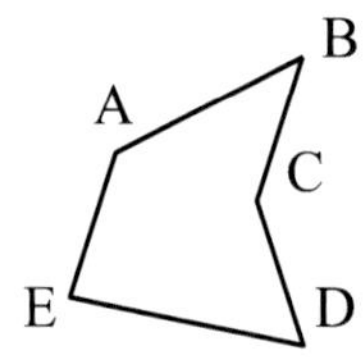

Fechada
(Aqui tem-se um pentágono irregular côncavo)

A palavra poligonal é originária de polígono, onde, em grego, *poli* sinifica vários e *gono* ângulo. Ou seja, é uma linha quebrada com vários ângulos. Polígonos são figuras planas ou linhas poligonais fechadas. No início deste capítulo, os três pontos D, E, F, que definem o plano α, quando unidos (linha tracejada) definem uma figura plana, no caso um triângulo. Como será visto em outro capítulo, triângulo ou trilátero é uma figura plana poligonal, com três lados (DE, DF e EF) e três ângulos. Tri significa três.

Linha ondulada: 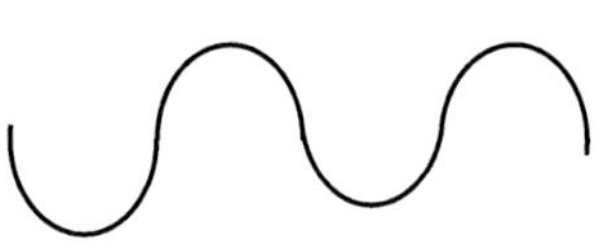

Linha reta contínua (segmento de reta AB): A ———————————— B

Linha reta interrompida ou tracejada (segmento de reta CD): C - - - - - - - - - - - - - - - - - - D

Linha reta traço e ponto (ou linha de centro ou de simetria): E —·—·—·—·—·—·—·— F
(É usada, por exemplo, para definir o ponto do centro de uma circunferência).
*O centro é onde se coloca a ponta seca ou metálica do compasso.

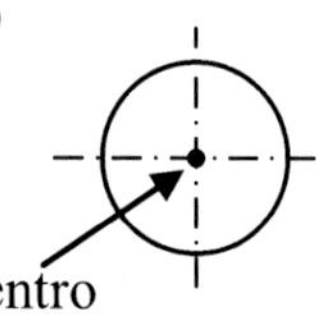
*Centro

1.6 Classificação dos segmentos de retas, quanto às posições no plano

Quanto à posição isolada, os segmentos de retas ou linhas são classificados como: horizontais, verticais e inclinadas.

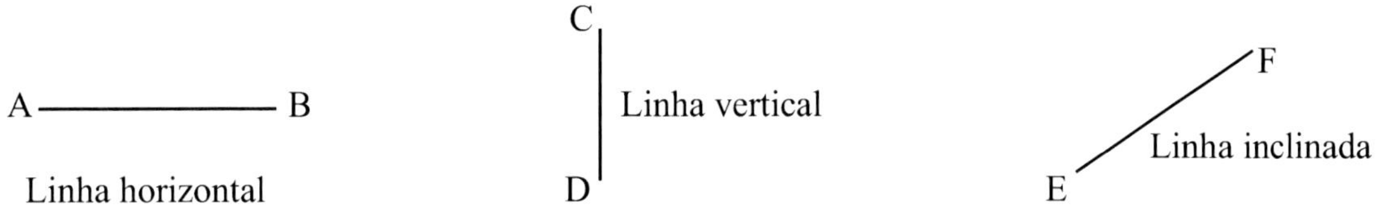

Quanto à posição relativa, as linhas são classificadas como: paralelas, perpendiculares e oblíquas.

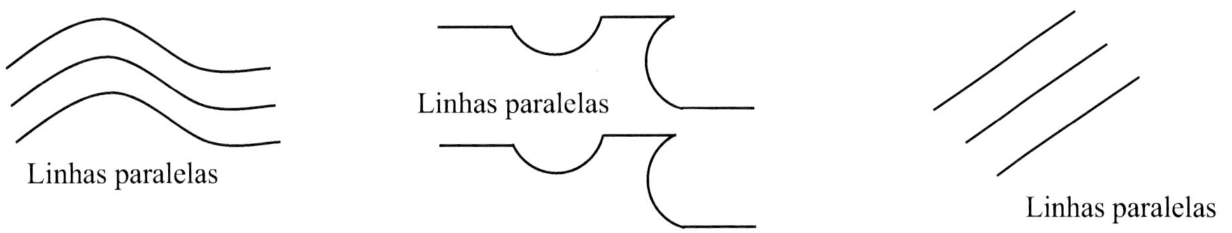

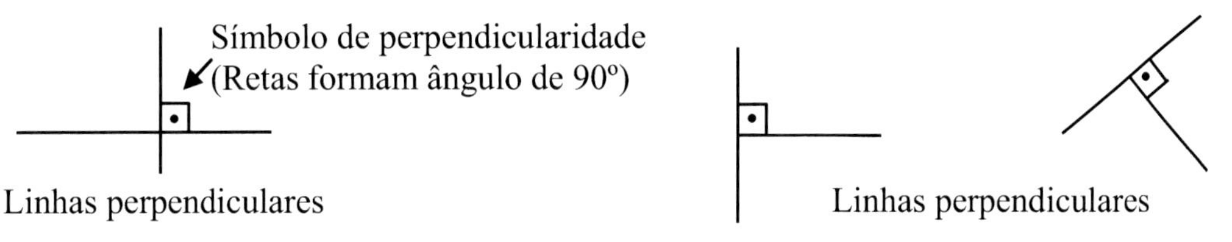

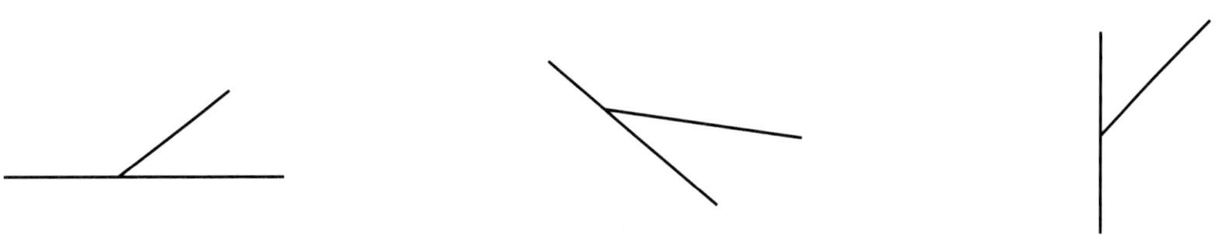

Linhas oblíquas (inclinadas, uma em relação à outra)

1.6.1 Exemplos de aplicações de segmentos de retas

Na prática da Matemática, os segmentos de retas são muito utilizados, por exemplo, no estudo de polígonos.

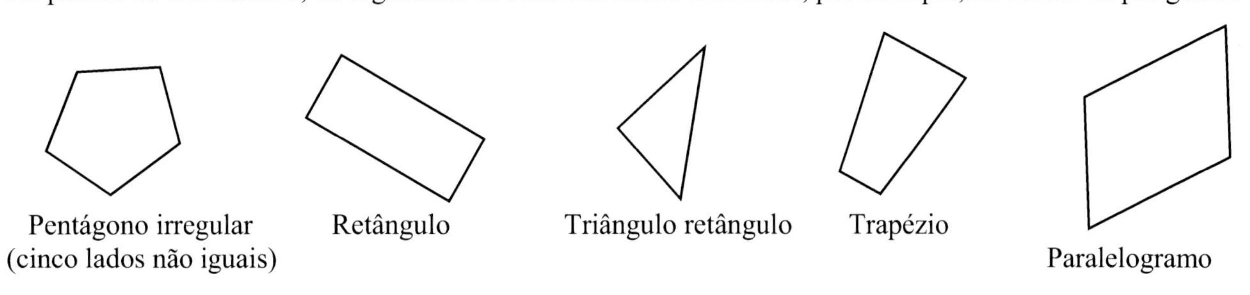

Observa-se que, propositadamente, esses polígonos foram desenhados de forma inclinada. A razão é mostrar que, dependendo do problema a ser estudado, os segmentos de retas podem se apresentar em quaisquer posições.

Baseado em Euclides de Alexandria (325 a.C. - 265 a.C.), podem ser citados quatro elementos básicos do estudo da Geometria: o ponto, a linha, o plano e o sólido.

• O ponto. Não tem dimensão.

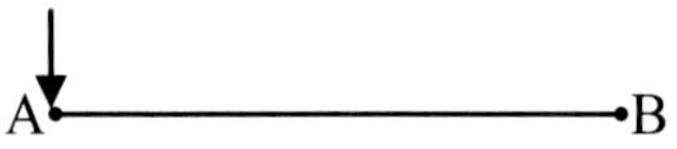

A linha (segmento AB). Tem apenas uma dimensão: comprimento ou módulo.

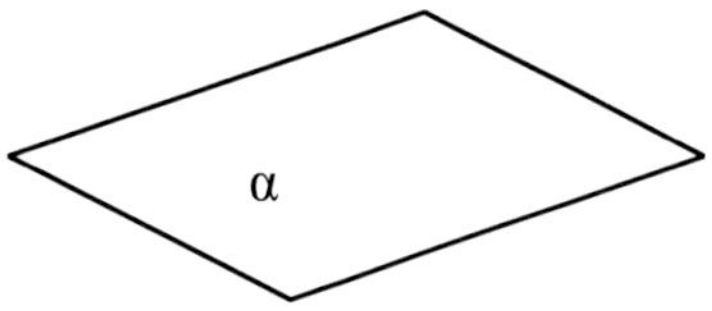

O plano. Tem duas dimensões (comprimento e largura).
(uma folha de papel é um bom exemplo de plano).

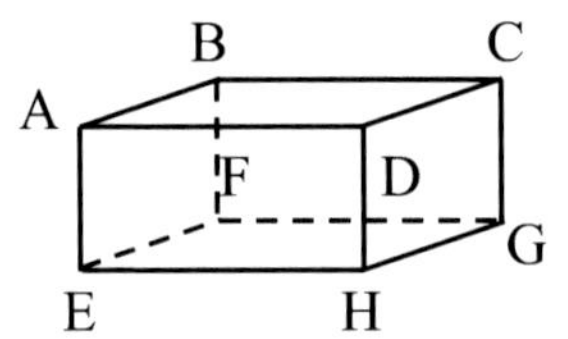

O sólido. Tem três dimensões.

Nesse prisma de base retangular, ocorrem:

Pontos: A, B, C, D, E, F, G e H.
Linhas: AB, CD, EF, GH, AD, BC,EH e FG.
Planos: ABCD, EFGH, ABEF,
CDGH, ADEH e BCFG

Geometricamente, esses pontos são chamados vértices, as linhas são arestas e os planos faces.

Um bom exemplo prático da ocorrência dos quatro elementos básicos da Geometria é o de uma caixa de papelão, como o prisma citado acima.

1.7 Os materiais para a prática do desenho geométrico

O desenho geométrico pode ser feito, tanto usando os principais instrumentos clássicos, chamados analógicos: régua, compasso e esquadro, quanto por programas de computador ou *softwares* como, por exemplo, o CABRI. Observa-se que, é possível várias construções geométricas com o programa Word, como será visto no capítulo 7. A seguir são mostradas imagens dos diversos instrumentos e complementos, usados na prática do desenho geométrico.

1.7.1 A régua graduada

É uma régua de plástico transparente, produzida nos comprimentos de 10, 15, 20, 30, 40 e 50 centímetros. Este tipo de régua, em geral a de 20 cm, atende muito bem aos objetivos dos conteúdos da disciplina Desenho Geométrico, para os 6º e 7º anos do Ensino Fundamental. Para os 8º e 9º anos, recomenda-se o uso das escalas triangulares ou escalímetros, como será mostrado adiante. Nada impede que os escalímetros também sejam usados nos 6º e 7º anos.

Como se pode ver na imagem, de uma régua de 10 cm, a mesma tem 10 marcações maiores, representando os centímetros. Entre cada marcação de centímetros, existem tem marcações menores, que representam os milímetros.

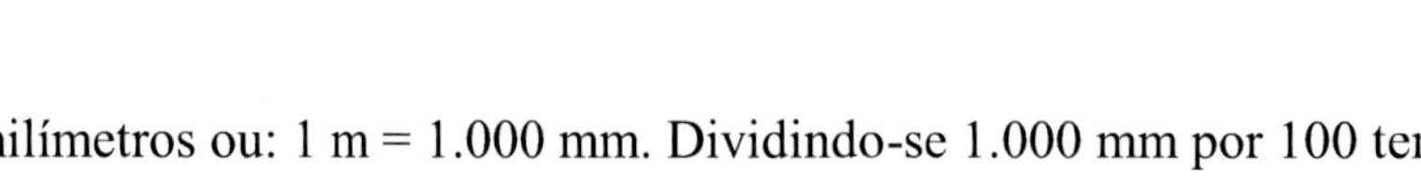

Um metro tem mil milímetros ou: 1 m = 1.000 mm. Dividindo-se 1.000 mm por 100 tem-se:

1.000 mm = 10 mm, que é igual a 1 cm. Ou seja, ao dividir um metro por 100, obtém-se um centímetro.
A seguinte escala de comprimento, facilita a compreensão da transformação de medidas em metros, seus múltiplos (medidas maiores) e submúltiplos (medidas menores). Todas as abreviaturas são em letras minúsculas.

Múltiplos ← → Submúltiplos

km	hm	dam	m	dm	cm	mm
1	0	0	0	0	0	0

Observa-se que, na prática do ensino de Desenho Geométrico, usam-se tanto medidas em centímetros, quanto em milímetros.

Milímetro (1 km = 1.000.000 mm. Um milhão de mm).
Centímetro (1 km = 100.000 cm. Cem mil cm).
Decímetro (1 km = 10.000 dm. Dez mil dm).
Metro (1 km = 1.000 m. Mil metros).
Decâmetro (1 km = 100 dam. Cem decâmetros).
Hectômetro (1 km = 10 hm. Dez hectômetros).
Quilômetro (a palavra é com Q, mas o símbolo é com k).

Correspondência dos submúltiplos

m	dm	cm	mm
1	10	100	1.000

Um metro = dez decímetros (1 m = 10 dm).
Um metro = cem centímetros (1 m = 100 cm).
Um metro = mil milíemtros (1 m = 1.000 mm).

A origem da medida "metro"

O metro foi criado na França por dois astrônomos, Jean-Baptiste-Joseph Delambre (1749-1822) e Pierre-François-André Méchain (1744-1804), que tentaram definir uma medida equivalente a um décimo de milionésimo da distância entre o Pólo Norte e a linha do Equador. Os dois partiram de Paris em junho de 1792 em sentidos diferentes, um para o sul e outro para o norte, com o objetivo de medir a porção do meridiano que ia de Dunquerque, na França a Barcelona, na Espanha e, assim, projetar a distância correta. Delambre foi em direção ao norte, para Dunquerque, e Méchain para Barcelona, ao sul. Combinaram de se encontrar em Paris um ano depois, trazendo suas medições para calcularem o tamanho da Terra e definir a medida do metro. A missão serviu para padronizar os sistemas de medidas que variavam entre as nações e até dentro dos países, na época, a França chegou a ter 250 mil unidades de pesos e medidas.
Levantamentos, por satélite, mostraram que Delambre e Méchain erraram por pouco: a distância entre o Pólo Norte e o Equador é de 10.002.290 metros, e não 10 milhões.
Todas as demais unidades de medida foram redefinidas a partir do metro. O litro passou a ser a unidade de volume, sendo equivalente ao volume de um cubo de 10 centímetros de lado. O quilograma, foi definido como a massa de um litro de água. Seus múltiplos e submúltiplos agora tinham uma base decimal, o que facilitava os cálculos.

Outro sistema de medidas de comprimento

Na Inglaterra e nos Estados Unidos, as unidades de medida são diferentes das que usamos no Brasil. Por exemplo, para se referir à altura de alguém, usa-se "*foot*" (pé) e "*inch*" (polegada), ao invés de metros e centímetros. As principais medidas desse sistema e suas correspondências com o sistema métrico são:

One inch ou uma polegada = 2,54 centímetros = 25,4 milímetros.
One foot ou um pé = 12 polegadas ou 12 *inches* = 30,48 centímetros = 304,8 milímetros.
One yard ou uma jarda = 0,9144 metros = 91,44 centímetros = 914,4 milímetros.
One mile ou uma milha = 1,60934 quilômetros = 1.609,34 metros = 160.934 centímetros = 1.609.340 milímetros.

Curiosidades históricas sobre as medidas de comprimento

O termo metrologia vem do grego '*metron*' que significa 'medida', e '*logos*' que significa 'estudo', logo é a ciência das medidas e das medições. A metrologia tem uma história antiga.
A necessidade de medir as coisas é muito antiga e remete à origem das primeiras civilizações. Tudo começou quando na antiguidade percebeu-se a necessidade da criação de unidades de medida que permitissem as trocas e o comércio de mercadorias. Era importante que os mercadores, os artífices e os trabalhadores, de maneira geral, soubessem, por exemplo, que uma vara de tecido na cidade de Babilônia* deveria ter mais ou menos o mesmo comprimento que uma vara de tecido em Jerusalém (cidade em Israel).
*Babilônia, atualmente, é caracterizada por ruínas a leste do rio Eufrates, a cerca de 90 quilômetros, ao sul de Bagdá, no Iraque.
Para medir comprimentos, o homem tomava a si próprio como referência. Usava como padrões determinadas partes de seu corpo. Foi assim que surgiram: a polegada, o palmo, o pé, a jarda, a braça, o passo. Alguns desses padrões continuam sendo usados até hoje, como já citado.
Há cerca de 4.000 anos, os egípcios usavam como padrão de medida de comprimento, o cúbito: que é a distância do cotovelo à ponta do dedo médio. Como as pessoas têm tamanhos diferentes, o cúbito variava de uma pessoa para outra, ocasionando as maiores confusões nos resultados das medidas. Os egípcios resolveram então fixar um padrão único: em lugar do próprio corpo eles passaram a usar em suas medidas barras de pedra com o mesmo comprimento. Foi assim que surgiu o cúbito-padrão.
Como a civilização egípcia desenvolveu-se às margens férteis do Rio Nilo, cultivadas por agricultores que pagavam anualmente um imposto ao faraó, estas terras precisavam ser medidas, pois o imposto era cobrado de acordo com a extensão de terra. Como não era possível medir grandes extensões usando bastões de comprimento igual a um cúbito, os agrimensores do faraó utilizavam cordas. Elas continham nós igualmente espaçados. O intervalo entre dois nós podia corresponder, por exemplo, a 5 cúbitos. Esticando essas cordas, era possível medir facilmente grandes distâncias. Foram essas que originaram as trenas que usamos hoje em dia. Definida como sendo a largura do polegar de um homem, a polegada começou também como uma medida natural.
Uma iniciativa importante de uniformização de medidas aconteceu por volta do ano 1350, quando o rei Eduardo II da Inglaterra, decretou que fosse considerada como uma polegada a medida de três grãos secos de cevada colocados lado a lado. Essa ideia foi aceita pelos sapateiros ingleses que passaram a fabricar sapatos na Europa pela primeira vez em tamanho padrão, tomando como base o grão de cevada. Assim, por exemplo, um sapato medindo quinze grãos de cevada passou a ser considerado como tamanho 15.
A adoção do "Sistema Métrico" foi implementado na França no ano de 1791 e foi seguida por outros países: em 1820, nos Países Baixos, Holanda, Bélgica e Luxemburgo, logo após a Espanha, Portugal, Itália, Colômbia, México, entre outros. A própria Grã-Bretanha e os Estados Unidos viriam a autorizar o seu uso em paralelo com o sistema inglês.
Na ocasião da Exposição Universal de Paris, em 1867, um grande número de cientistas criou um "Comitê dos Pesos e Medidas e da Moeda" que tinha por objetivo uma maior uniformização das medidas.
Em 1869, o governo Francês convidou vários países para delegar, em Paris, uma "Comissão Internacional do Metro". Os trabalhos porém, foram interrompidos pela guerra franco-alemã. Em 1872 a mesma Comissão com delegados de 30 países, reuniu-se de novo e manteve a decisão anteriormente tomada de utilizar o "*métre et Kilogramme des Archives*" como referências para as cópias que seriam distribuídas aos diferentes países, mas numa liga de platina iridiada, passando o "*métre*" a ter uma secção em X. Em 1875, o governo Francês convocou a "Conferência Diplomática do Metro", na sequência, os delegados de 17 países viriam a assinar oficialmente a "Convenção do Metro".
O desenvolvimento da ciência pediu uma nova definição para o metro. Atualmente, o metro é definido como o comprimento do trajeto percorrido pela luz no vácuo, em um intervalo de tempo de 1/299 792 458 de segundo.

1.7.2 A escala triangular ou escalímetro

Embora, na prática, não seja habitual usar escalas no ensino de Desenho Geométrico, é importante citar o instrumento chamado escala triangular ou escalímetro, que em geral, é usado na disciplina "Desenho Técnico Projetivo", estudada tanto em cursos técnicos de nível médio, quanto em cursos superiores como Arquitetura, Desenho Industrial ou *Design* e Engenharia.

Como o Desenho Técnico Projetivo é utilizado para representação de objetos, peças, máquinas, equipamentos, prédios e até sistemas complexos de produção industrial, concluí-se que, nem sempre será possível representar os objetos em suas verdadeiras grandezas. Para permitir a execução dos desenhos, os objetos e peças grandes precisam ser representados com suas dimensões reduzidas, enquanto os objetos, ou detalhes, pequenos necessitarão de uma representação ampliada. Por exemplo, o desenho de uma planta de uma casa é feito com uma escala de redução (em geral 1:50), já o desenho de um alfinete, devido seus detalhes mínimos, será feito com uma escala de ampliação (por exemplo, 5:1).

As escalas, em Desenho Técnico Projetivo, são utilizadas para ampliar ou reduzir o objeto projetado (ou ainda mantendo as dimensões, como na escala 1:1), de acordo com a precisão desejada e disponibilidade de área de papel para execução de um desenho. Existem dois tipos básicos de escalas: a gráfica e a numérica, sendo a primeira mais utilizada em desenhos cartográficos ou de mapas, enquanto os Desenhos Técnicos Projetivos usam escalas numéricas de redução e ampliação. Desenhos cartográficos ou de mapas também costumam usar escalas numéricas.

Na prática, existem os instrumentos chamados escalímetros, normalmente no formato prismático triangular, que já tem as réguas graduadas com diversas escalas. Nestes escalímetros são impressas seis escalas, duas em cada face do prisma. Observa-se que, numa mesma face ou escala, por exemplo, 1:50, tanto se pode usar como escala de ampliação, quanto de redução, bastando pensar com potências de 10. Esta escala de 1:50, também pode ser 1:500, 1:5 ou 1:0,5. Como 1/0,5 = 2, a escala 1:0,5, em verdade, é de ampliação 2:1, onde a medida do desenho está indicada com o dobro do valor real.

Escala gráfica

É representada sob a forma de um segmento de reta, normalmente subdividido em seções e ao longo do qual são registradas as distâncias reais correspondentes às dimensões do segmento.

A escala gráfica simples é uma reta dividida em unidades na razão da escala. Gradua-se a reta, a partir do ponto zero, com uma unidade básica maior para a esquerda, e para a direita marca-se a mesma unidade básica maior tantas vezes quantas forem suficientes. A unidade da esquerda chama-se talão ou extensão e acha-se subdividida em unidades menores. Vejamos o exemplo abaixo, muito comum em mapas.

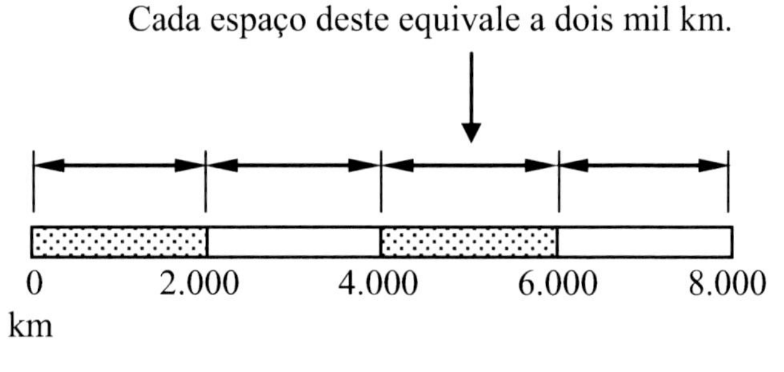

Escalas numéricas: natural ou 1:1, de redução e ampliação. O escalímetro

A escala numérica compreende três tipos: A) a natural ou 1:1, onde as medidas do desenho e do objeto representado são iguais, ou seja, uma unidade do desenho corresponde a uma unidade do objeto; B) a escala de redução, onde as medidas do desenho são menores que as do objeto representado. Exemplos: 1:20, 1:25, 1:50, 1:75, 1:100 e 1:125 e C) a escala de ampliação, onde as medidas do desenho são maiores que a do objeto representado. Exemplos: 2:1 e 5:1.

A escala numérica é uma razão de semelhança entre as medidas do desenho e as medidas reais do objeto. Esta razão de semelhança compreende três elementos: 1) a medida gráfica no desenho (D); 2) a medida real do objeto (O) e 3) a razão ou título da escala (K). Matematicamente esta razão é indicada por: $K = D/O$. (MICELI e FERREIRA, 2008).

Quando se diz que um desenho está na escala de ampliação de 2:1 (dois para um), significa que duas unidades do desenho correspondem a uma unidade do objeto. Ao usar uma escala de redução de 1:50 (um para cinquenta), significa que uma unidade do desenho corresponde a cinquenta (50) unidades do objeto.

Vamos supor que uma planta de uma casa seja feita na escala 1:25 (ou um para vinte e cinco). Esta escala numérica significa que a unidade de comprimento, no desenho, vale vinte e cinco vezes essa mesma unidade no terreno.
Normalmente estes escalímetros vêm com as seguintes réguas: 1:20, 1:25, 1:50, 1:75, 1:100 e 1:125, embora existam outras réguas, com outras escalas, utilizadas em situações especiais.
Na figura a seguir vê-se na parte superior, o início da escala 1:200, onde a primeira marcação equivale a 1 metro. Na parte inferior vê-se o mesmo 1 metro, porém na escala 1:100, ou seja, o mesmo 1 metro representado por uma distância duas vezes maior, pois 1:100 é duas vezes maior do que 1:200.

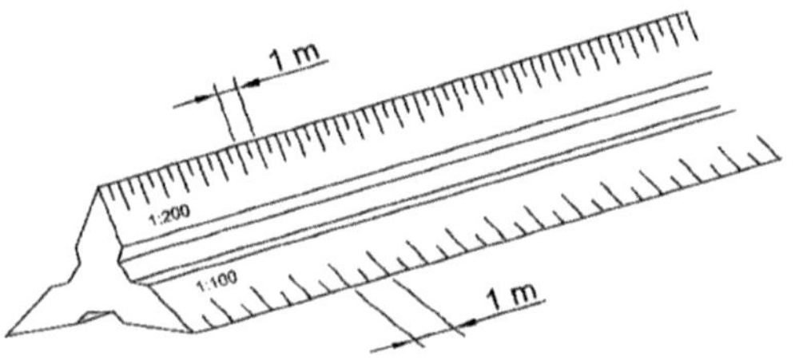

Este é o formato dos escalímetros, normalmente vendidos no comércio de artigos de desenho técnico e usado por desenhistas e outros profissionais da área.

Quando se observa na régua uma escala de 1:200, em verdade isto significa que, aquele pequenino espaço equivale a um metro na realidade, pois está reduzido em 200 vezes. Agora vamos entender isto melhor.
1 metro é igual a 1.000 milímetros. Se dividirmos 1.000 mm por 200, achamos 5 mm (1.000 mm/200 = 5 mm). Agora se pegarmos um outro escalímetro (ou até uma régua de plástico graduada em centímetros) e colocarmos próximo a este 1 metro na escala de 1:200, veremos que tem 5 mm ou 0,5 centímetro.
Outro exemplo. Se observarmos a régua 1:100, veremos que o primeiro número equivalente a 1 metro, tem exatamente 1 centímetro (é só conferir com uma régua de plástico). Como assim? É simples. 1:100 significa 1 metro dividido por 100, ou seja, 1.000 mm/100, que é igual a 10 mm ou 1 cm.
Esta mesma régua 1:100, pode ser usada como 1:10, sendo que neste caso, a primeira marcação não será equivalente a 1 metro, mas sim 10 vezes menos, ou seja, 100 mm ou 10 cm. 1 metro é 10 vezes maior do que 10 cm.

1.7.3 O par de esquadros sem escala ou liso (sem marcação de medidas)

Embora no comércio existam pequenos esquadros de plástico, com marcações em centímetros e milímetros, em uma das bordas, o autor não recomenda o uso dos mesmos, pois, embora sejam mais baratos do que os recomendados a seguir, quebram com muita facilidade, além do fato de que medidas devem ser feitas com réguas ou escalímetros. O par de esquadros recomendado, a seguir descrito, são chamados de esquadros para Desenho Técnico, fabricados em acrílico, com dois milímetros (2 mm) de espessura.
O par de esquadros é composto por um triângulo retângulo isósceles, com dois ângulos de 45° (quarenta e cinco graus) e outro triângulo retângulo escaleno, com um ângulo de 30° (trinta graus) e outro de 60° (sessenta graus). Os esquadros são utilizados para traçar retas paralelas e perpendiculares, além de ângulos, como será detalhado mais a frente. Os dois esquadros são diferentes na forma e nas medidas.
No mercado existem pares de esquadros das mais variadas dimensões, mas para os objetivos do ensino das disciplinas Desenho Geométrico e Geometria, no Ensino Fundamental, esquadros com a hipotenusa do esquadro de 45° igual a cerca de 21 cm, e o lado maior do esquadro de 30° , 60° de 26 cm, atendem e permitem todas as atividades da disciplina. Veja figuras a seguir, que mostram as dimensões e detalhes dos esquadros recomendados.
Os esquadros são triângulos retângulos, onde os lados menores são chamados catetos e os maiores hipotenusas. Os triângulos são estudados no capítulo 3 deste livro.

As aberturas ou partes vazadas, dentro dos esquadros, permitem um melhor manuseio com as mãos.

Têm que ser utilizados esquadros lisos e transparentes, ou seja, sem marcação de medidas. Em desenho geométrico, medidas são feitas ou com a régua graduada ou com o escalímetro.

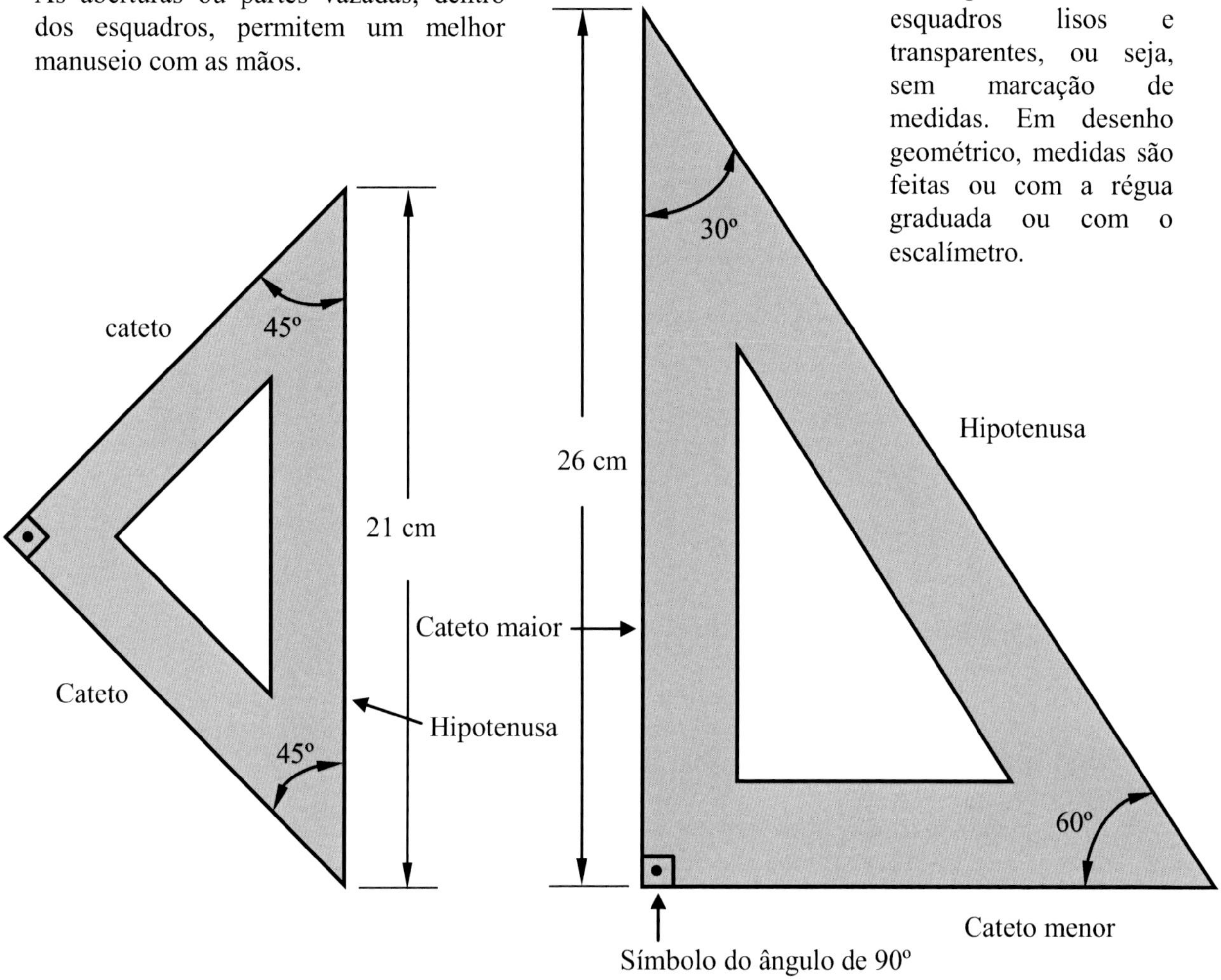

No esquadro de 45º os catetos têm as mesmas medidas, e para a hipotenusa de 21 cm, cada cateto mede cerca de 15 cm. No esquadro 30º, 60º, para o cateto maior igual a 26 cm, o cateto menor mede cerca de 15 cm e a hipotenusa mede cerca de 30 cm.

O par de esquadros acima, com as dimensões indicadas, atende plenamente ao necessário para aulas de Desenho Geométrico e Geometria no Ensino Fundamental.

1.7.4 O compasso

A função principal do compasso é traçar circunferências e arcos, sendo fundamental, por exemplo, para o desenho de concordâncias. Outra função importante do compasso é transferir medidas e fazer marcações. Existem diversos tipos de compassos à venda no mercado, desde os mais simples, de baixo preço até estojos de compasso com vários acessórios, de alto custo. Para as atividades da prática do Desenho Geométrico e Geometria, deve ser utilizado um compasso chamado para "Desenho Técnico", de metal e com articulações que permitam traçar circunferências de até 20 centímetros de diâmetro, ou seja, 10 centímetros de raio.

Ao adquirir um compasso com essas características, o aluno terá um material para uso em todo o Ensino Fundamental e Médio, também podendo ser utilizado nos cursos superiores de Arquitetura, *Design* e Engenharia.

Imagem de um compasso:

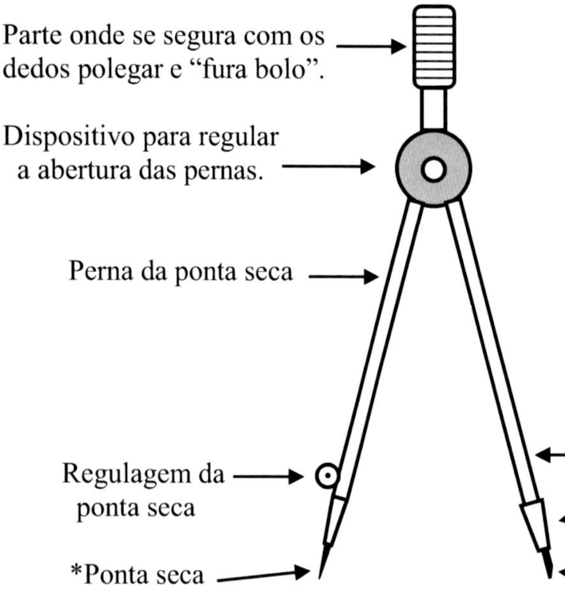

Observações:

1 – *A ponta seca é um pequeno pedaço de aço, parecido com um alfinete, ou seja, uma ponta que pode causar ferimento. Já há anos que os compassos são vendidos com uma proteção de plástico na ponta seca.
2 – Recomenda-se o uso de grafite tipo B para o compasso.
3 – A ponta de grafite deve ter um chanfro ou bisel, que deve ser feito com lixa de unha. O chanfro é mostrado abaixo.

Assim deve ser a ponta de grafite.

1.7.5 Lápis preto, lapiseiras e lápis de cor

Para a prática da disciplina Desenho Geométrico e Geometria, tanto podem ser usados lápis preto, quanto lapiseiras, sendo estas mais caras. O lápis tem o inconveniente de precisar ser apontado, à medida que vai sendo utilizado, pois o grafite do lápis vai sendo depositado no papel. No caso da lapiseira, basta ir regulando a ponta do grafite.
Tanto no lápis, quanto na lapiseira, podem ser utilizados o grafite B. Para ir afinando a ponta do lápis, sempre que necessário, pode-se usar uma lixa de unha.
Como em Desenho Geométrico é possível a prática da chamada "Arte Geométrica", ou seja, desenhos geométricos coloridos, também recomenda-se ter uma caixa de 12 lápis de cor, normalmente já solicitada e usada nas aulas de Educação Artística.

1.7.6 Transferidor

É um instrumento para marcar ângulos, diferentes daqueles que têm no par de esquadros. Recomenda-se o uso do transferidor de 360 graus, de plástico, como na imagem abaixo, e na espessura de 3 mm.

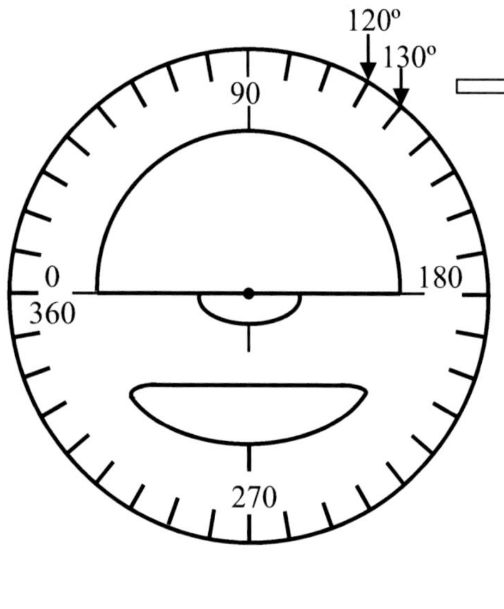

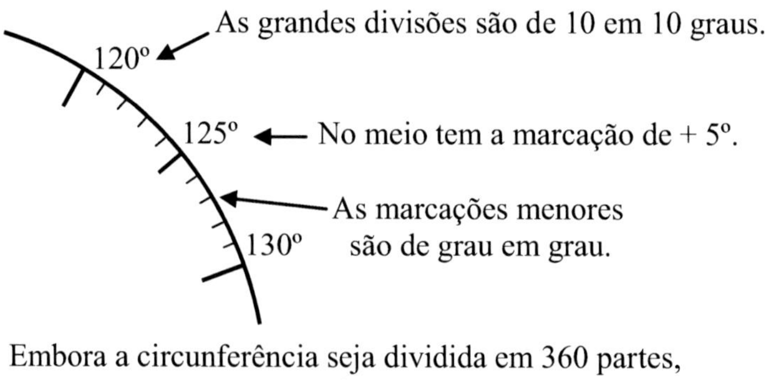

Embora a circunferência seja dividida em 360 partes, as marcações são escritas de 10 em 10 graus.

No mercado existem à venda diversos tipos de transferidores, a grande recomendação é que seja um com a marcação dos 360 graus, ou seja, no formato de uma circunferência. Existem também os de meia circunferência, mas que não são os mais adequados para a prática dos desenhos geométricos.

1.7.7 Borracha plástica, para desenho a grafite em papel

Existem vários modelos, em várias cores. Outra opção são as chamadas borrachas plásticas tipo caneta, que são redondas e também funcionam bem, que também são apresentadas em várias cores. Não devem ser usadas as clássicas borrachas na cor verde, pois mais sujam o papel do que apagam.

1.7.8 Caderno para execução dos desenhos geométricos

Deve ser utilizado caderno em espiral, com capa dura, com folha branca lisa e papel *canson*. Observa-se que as folhas de papel A4, normalmente fornecidas em pacotes com 100 ou 500 folhas, não são as mais adequadas para a prática da disciplina Desenho Geométrico. No caderno em espiral com capa dura, o aluno do Ensino Fundamental, vai mantendo, ano após ano, todas as atividades juntas, tal e qual os cadernos das demais disciplinas. Tal e qual a Matemática, o aprendizado do Desenho Geométrico é um processo acumulativo, ou seja, o aluno vai utilizar no 7º ano, as bases que estudou no 6º, e assim sucessivamente.

1.7.9 Pasta plástica para a guarda e transporte do material de desenho

É a pasta onde devem ser guardados e mantidos, todos os materiais de desenho já citados. Tanto podem ser usadas as pastas de aba tipo elástico (menor custo), quanto as de alça. As de aba tipo elástico são mais apropriadas para colocar na mochila, que carrega também outros cadernos e livros, de outras disciplinas.

1.8 O manuseio do par de esquadros

Com os esquadros de 45º e 30º x 60º é possível inúmeras posições, permitindo o traçado de retas paralelas, perpendiculares, bem como de ângulos dos próprios esquadros. A seguir são mostradas as posições mais utilizadas, para traçar retas na horizontal e na vertical, bem como perpendiculares entre si, observando-se que existem inúmeras possibilidades de posições. É importante que os dois esquadros sejam usados ao mesmo tempo, seja qual for a posição adiante, pois assim permitem o traçado de paralelas e perpendiculares, com apenas uma movimentação ou deslizamento.

Esquadro de 45º na vertical

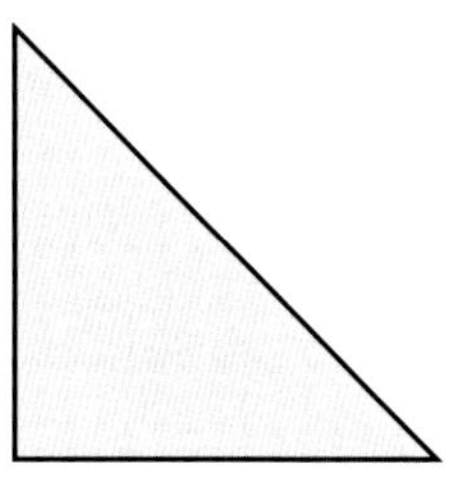

Esquadro de 30º x 60º
na vertical

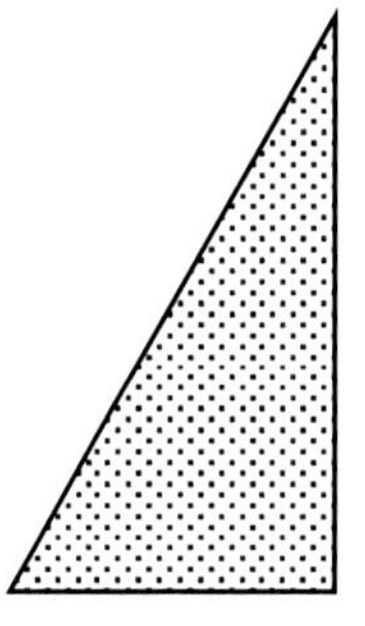

← ou →

Para desenhar linhas horizontais.
O esquadro de 30º x 60º pode ficar posicionado à esquerda ou à direita.

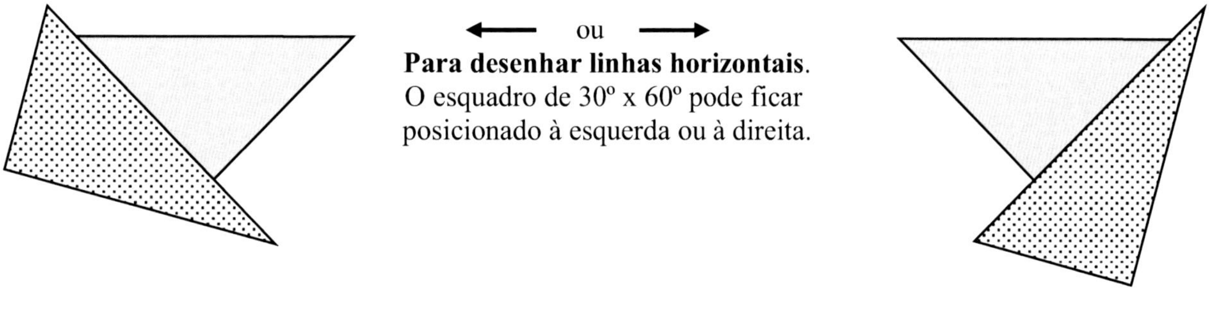

Observa-se que pessoas destras e canhotas costumam utilizar o par de esquadros em posições diferentes.

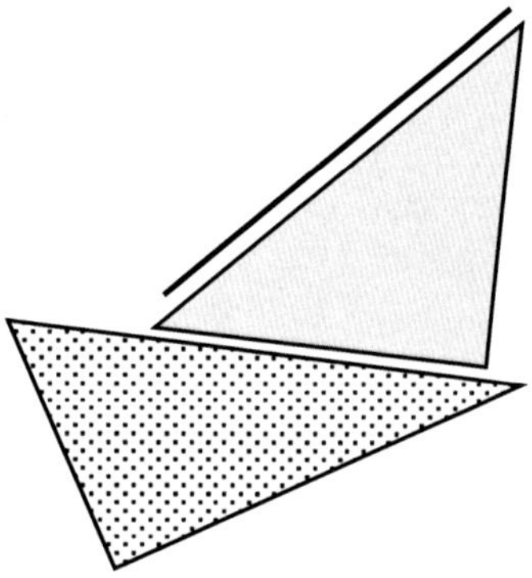

← ou →

Para desenhar linhas inclinadas,
à direita ou à esquerda.

Observa-se que, com o deslizamento dos esquadros, para cima ou para baixo e para os lados, são traçadas retas paralelas.

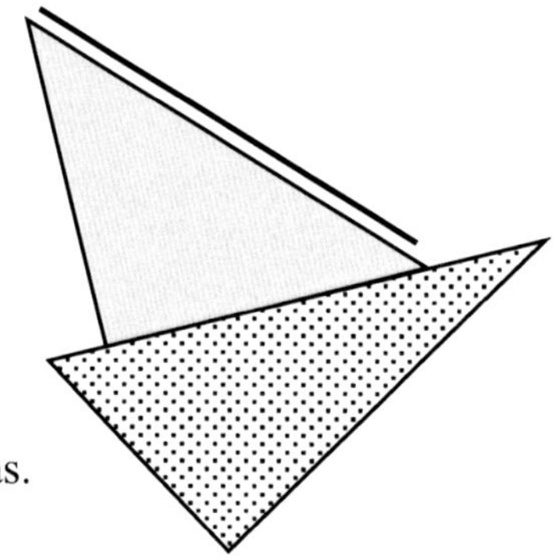

1.8.1 Traçando retas paralelas com o par de esquadros

Com a movimentação e o deslizamento dos esquadros, para a direita e/ou para a esquerda, para cima e/ou para baixo, é possível traçar retas paralelas, nas mais diversas posições, como a seguir mostrado. Observa-se que, na internet é possível visualizar todos esses movimentos, com vídeos aulas, onde professores demonstram, tanto na lousa, quanto em folhas de papel, os mais variados movimentos, para obter retas paralelas, nos mais diferentes sentidos.

Paralelas horizontais

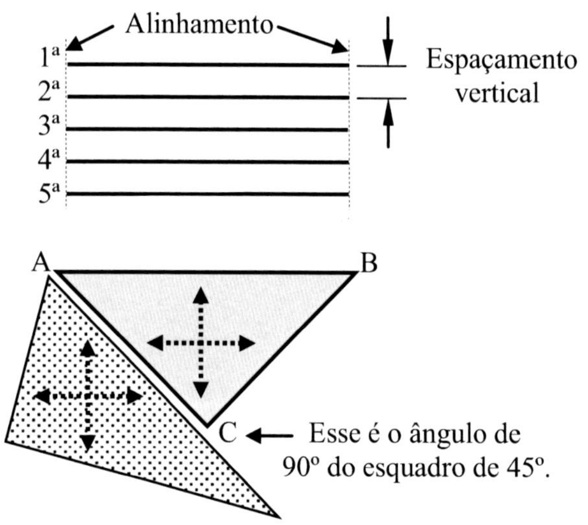

Para essa sequência de cinco retas horizontais paralelas de mesmo comprimento, a partir da 1ª, os dois esquadros vão sendo movimentados da seguinte forma: o de 30º x 60º para baixo e um pouco para a esquerda e direita, e o de 45º para baixo, mas também para a esquerda e para a direita, de forma se ter as paralelas com o mesmo espaçamento e alinhamento.
Essa sequência de movimentos, permite traçar várias paralelas, de mesmo comprimento, com o mesmo espaçamento vertical.
O traçado das paralelas é de cima para baixo, para não se correr os esquadros sobre linhas já traçadas, o que pode "sujar" a folha, ao se passar o esquadro sobre as linhas já traçadas.
Observa-se que, os vértices A, B e C, são os do esquadro de 45º.

Paralelas inclinadas à esquerda a 45º

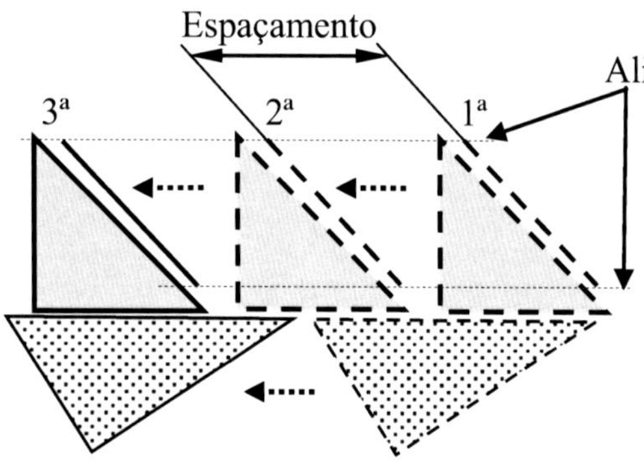

Os dois esquadros se movimentam apenas para a esquerda, para não correrem sobre linhas já traçadas.

Paralelas verticais

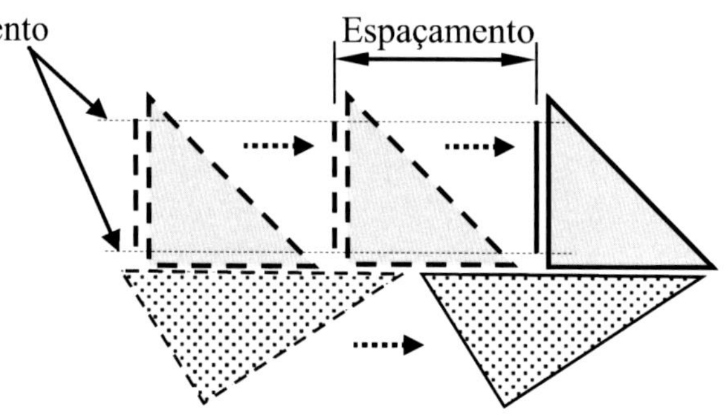

Os dois esquadros se movimentam apenas para a direita, para não correrem sobre linhas já traçadas.

1.8.2 Traçando retas perpendiculares com o par de esquadros

Obviamente retas são perpendiculares a uma reta "r" já traçada, seja horizontal, vertical ou inclinada à direita ou à esquerda. A seguir é mostrada a sequência de uma perpendicular "s" a uma reta horizontal "r".

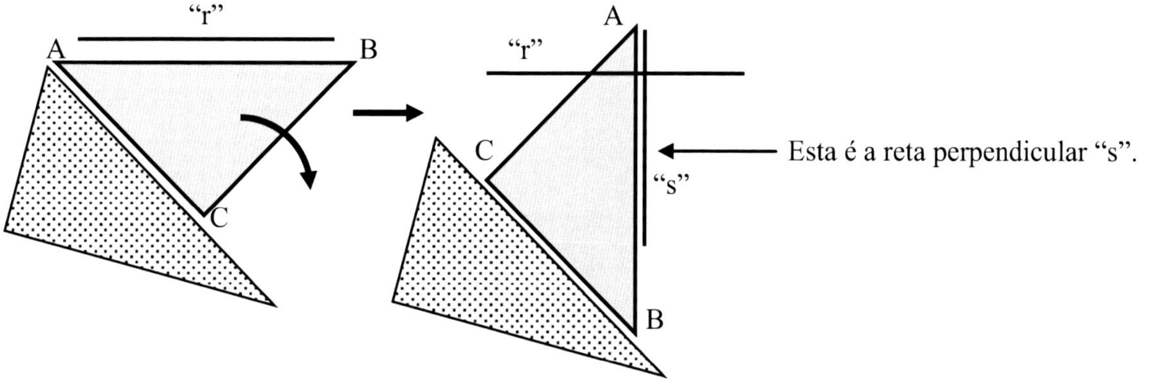

Também se obtém uma perpendicular, posicionando os esquadros como a seguir mostrado:

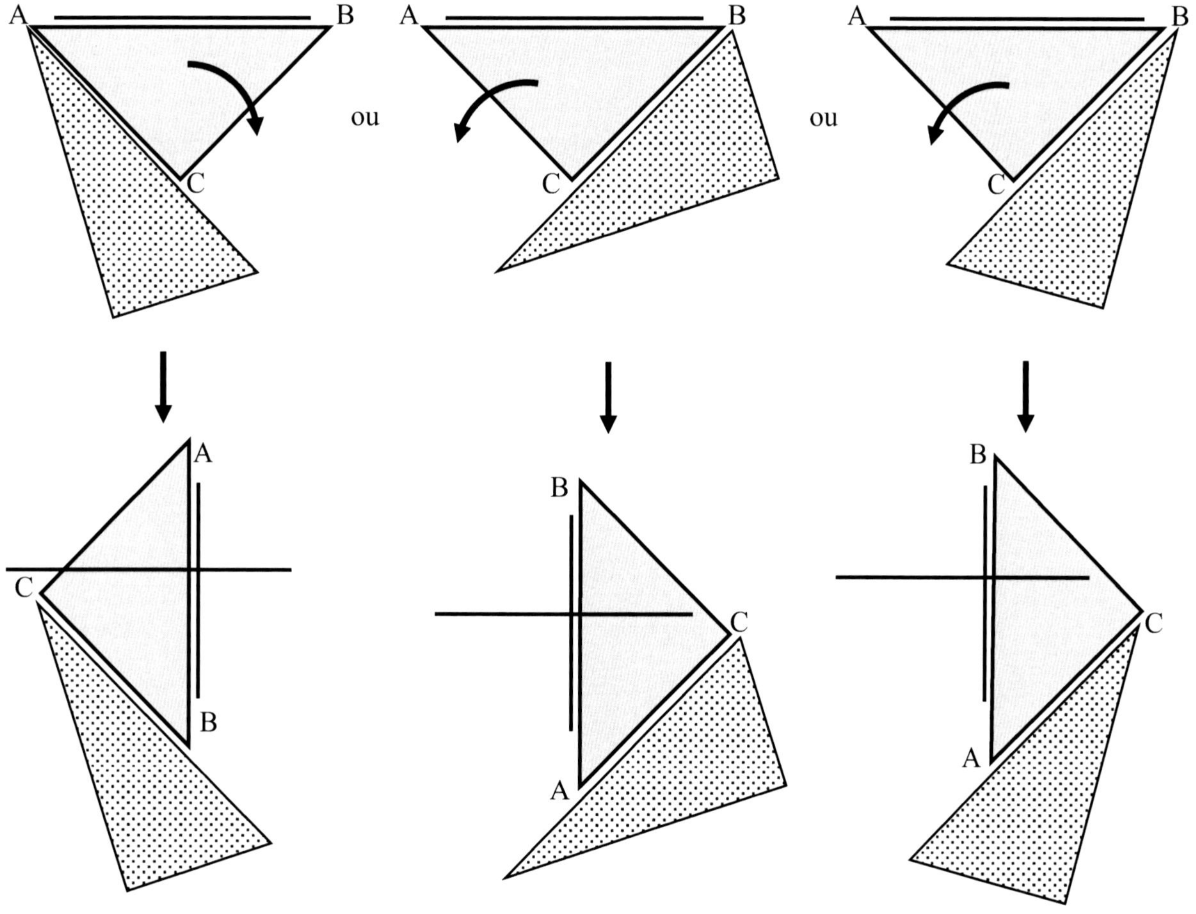

A confirmação de que, realmente se têm perpendiculares, pode ser feita, usando um dos esquadros, posicionando o ângulo reto de 90º como mostrado a seguir:

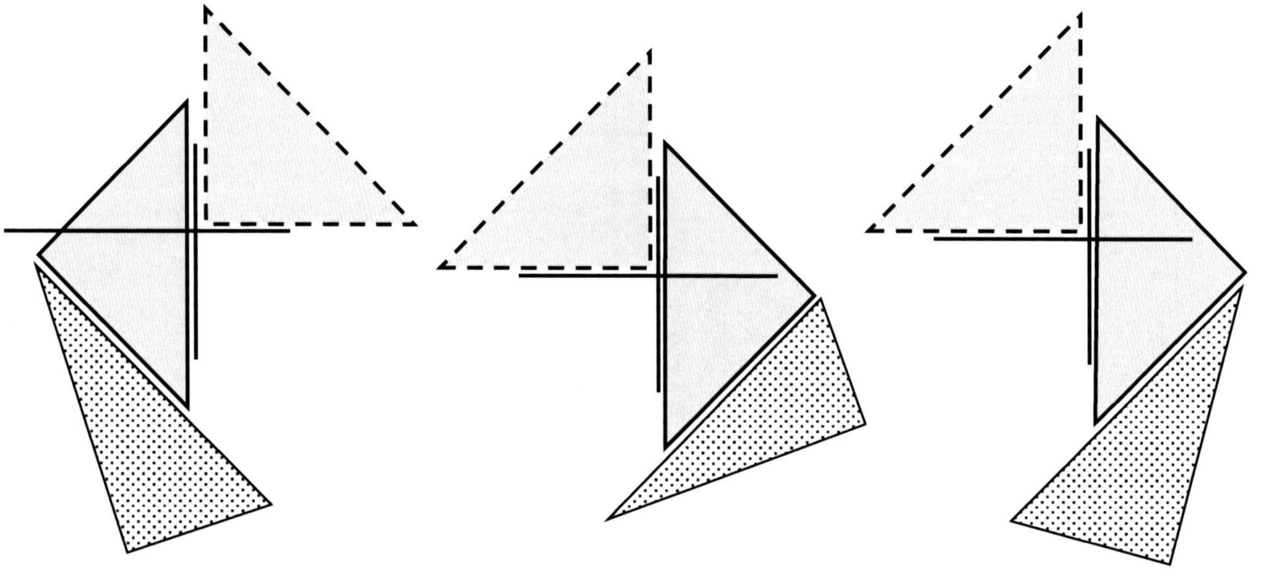

1.9 Exercícios resolvidos

1.9.1) Utilizando o par de esquadros e a régua (ou o escalímetro), trace quatro linhas horizontais paralelas, finas (conhecidas como linhas guias), de comprimento 16 cm, para altura de letras maiúsculas tipo bastão, de 5 mm ou 0,5 cm. Entre uma linha e outra de letras, deixe um espaço vertical de 3 mm. Essas quatro linhas paralelas resultam em duas linhas para a escrita do seguinte texto: A PRÁTICA DA ESCRITA NO PAPEL, COM LETRAS TIPO BASTÃO MAIÚSCULAS, É UM BOM TREINO.

O traçado das paralelas horizontais obedece ao parágrafo 1.8 e o traçado das paralelas com espaço vertical de 3 mm obedece ao parágrafo 1.8.2.

Desenho das linhas:

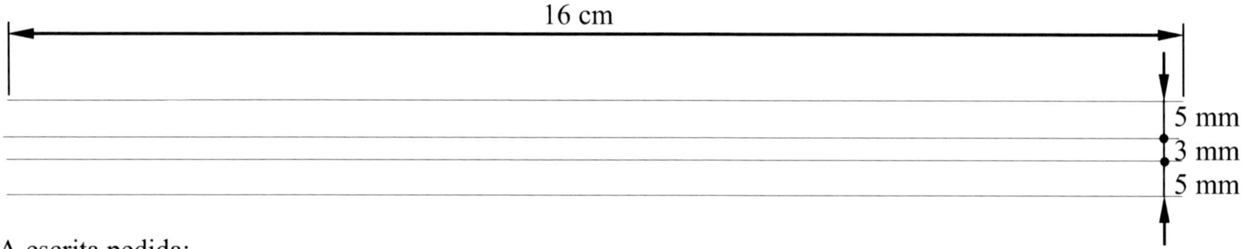

A escrita pedida:

A PRÁTICA DA ESCRITA NO PAPEL, COM LETRAS
TIPO BASTÃO MAIÚSCULAS, É UM BOM TREINO.

Observa-se que no texto acima, livro foi utilizada a letra arial tamanho 19, no programa Word.

1.9.2) Utilizando o par de esquadros, segundo o parágrafo 1.8 traçar linhas guias com o esquadro de 45º e desenhar: a) ângulo de 30º à direita e para cima; b) ângulo de 60º à esquerda e para baixo e c) ângulo de 45º para baixo e à esquerda.

a) b) c)

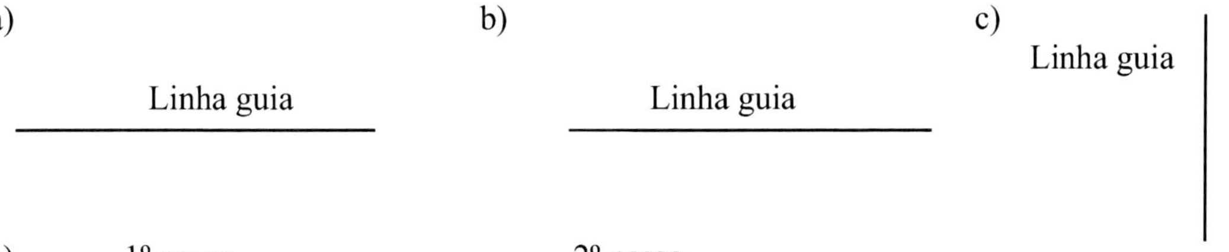

a)

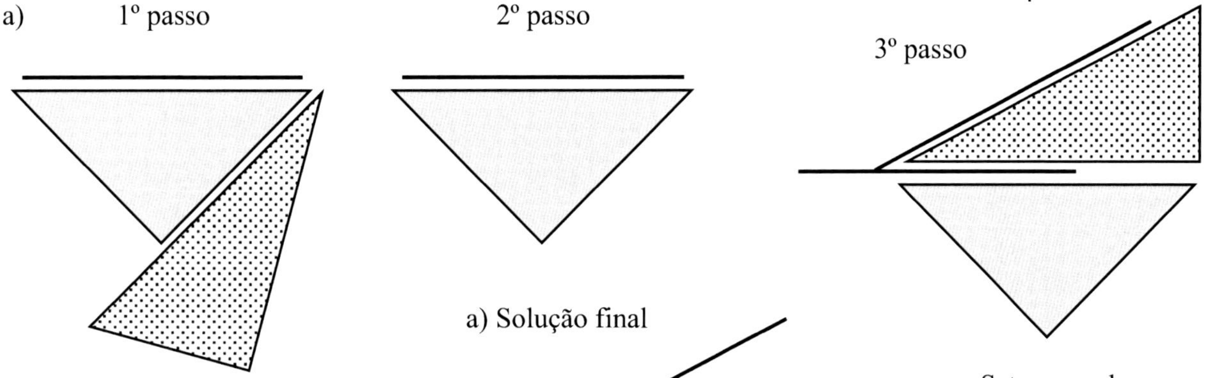

a) Solução final

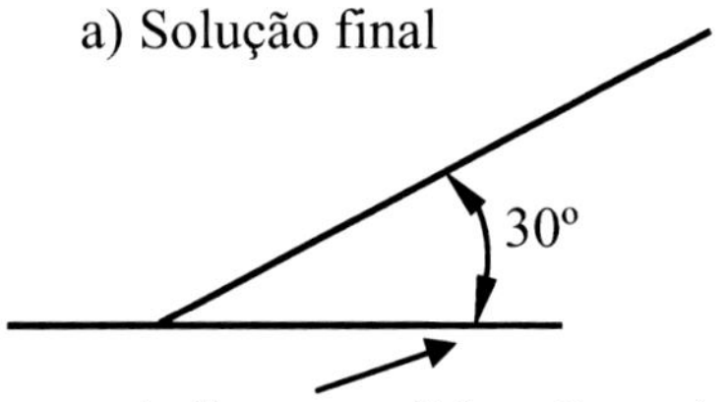

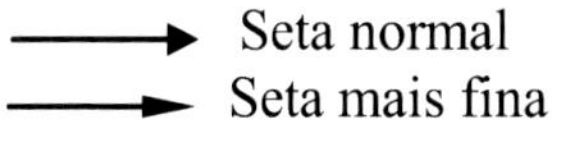

As setas que indicam medidas são mais finas.

b)

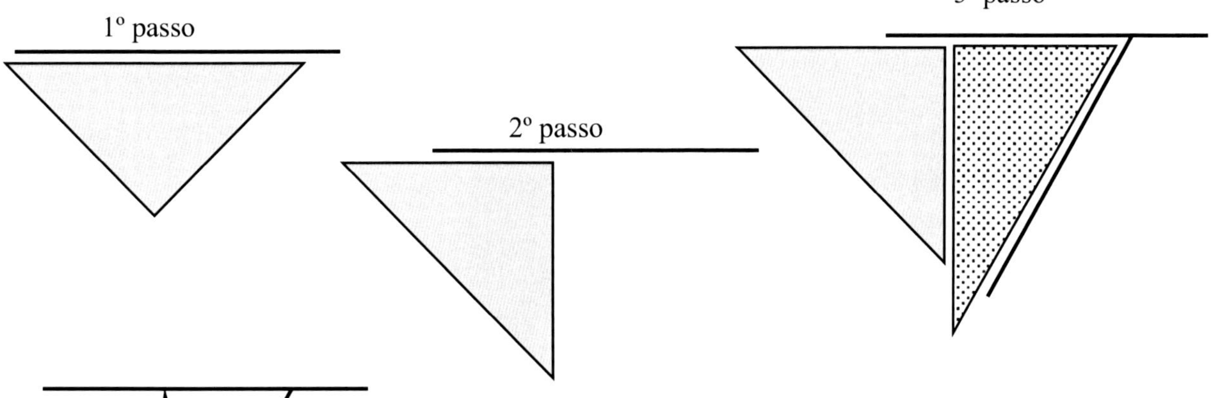

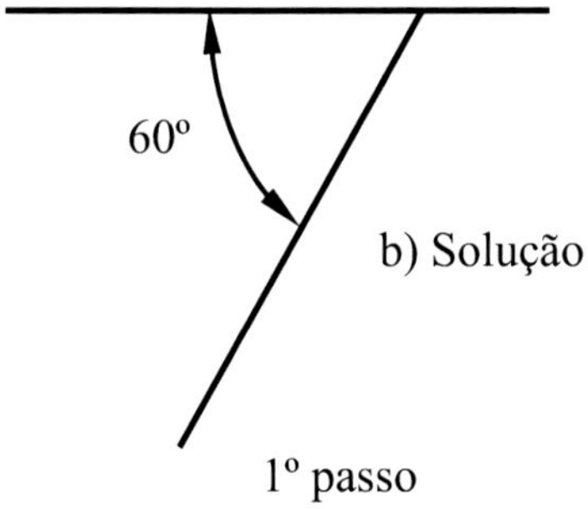

b) Solução final

Observa-se que existem outras posições possíveis, para se chegar ao mesmo resultado. É fato que pessoas destras e canhotas possam posicionar os esquadros de formas diferentes, para obter o mesmo resultado.

c)

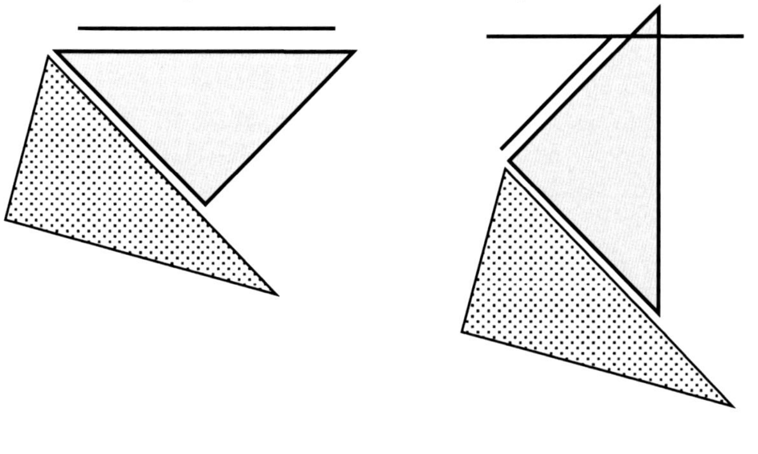

c) Solução final

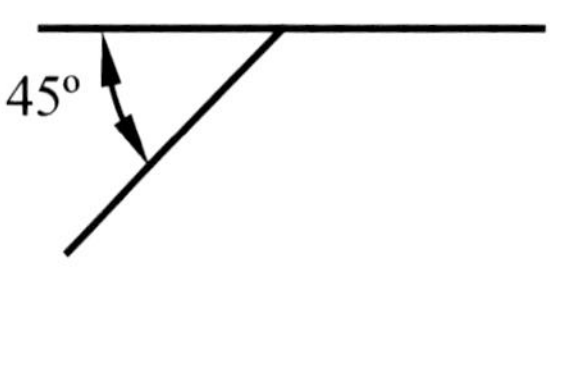

1.10 Exercícios propostos

1.10.1) Utilizando o par de esquadros e a régua (ou o escalímetro), trace quatro linhas horizontais paralelas, finas (conhecidas como linhas guias), de comprimento 16 cm, para altura de letras maiúsculas tipo bastão, de 3 mm. Entre uma linha e outra de letras, deixe um espaço vertical de 2 mm. Essas quatro linhas paralelas resultam em duas linhas para a escrita do seguinte texto: O ESTUDO E A PRÁTICA DO DESENHO GEOMÉTRICO MELHORAM A INTELIGÊNCIA VISO ESPACIAL.

1.10.2) Considerando as linhas guias a seguir, desenhar ângulos de 30º, 45º e 60º à direita.

a)

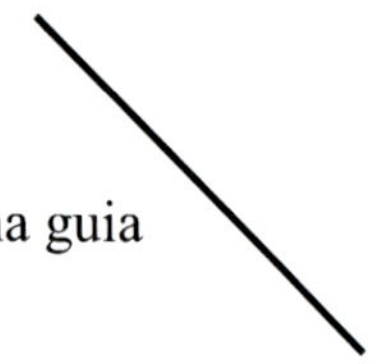

Linha guia

b)

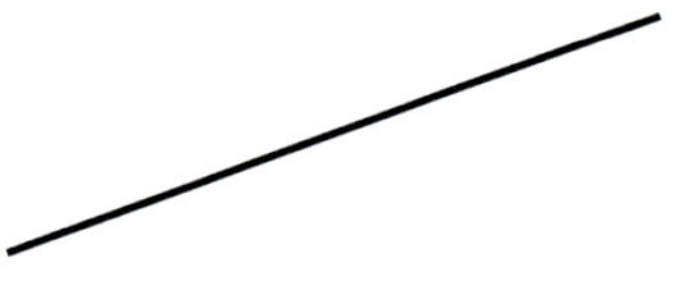

c)

1.11 Fazendo Arte com paralelas e perpendiculares

Com simples desenhos de paralelas e perpendiculares, preenchidas com as mais variadas cores, é possível criar verdadeiras obras de Arte, por exemplo, com as bandeiras dos países abaixo. Observa-se que, cada bandeira de cada país tem suas dimensões, proporções e cores muito bem definidas, sendo regulamentadas por leis específicas, de cada país. O capítulo 7, deste livro, é dedicado à Arte Geométrica, com as mais diversas construções geométricas estudadas ao longo do livro.

Bandeira da Grécia

Bandeira da Itália

Bandeira da França

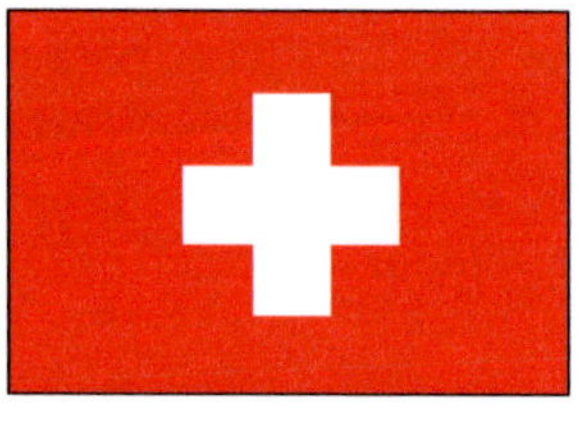

Bandeira da Suíça

Bandeira da Holanda

Bandeira da Finlândia

Desafio e pesquisa

Pesquise na internet, e depois desenhe colorindo, as bandeiras dos seguintes países: Noruega, Dinamarca, Ucrânia e Suécia. Pesquise as dimensões e cores, as mais próximas possíveis. Uma vez desenhada a bandeira, pesquise sobre o país, inclusive dos seis mostrados acima. Pesquise: onde se localiza, área territorial, idioma(s) oficia(ais), população, clima, comidas típicas, Índice de Desenvolvimento Humano (IDH), Índice de Desigualdade e Distribuição de Renda ou Índice Gini e classificação internacional de educação, segundo o exame PISA ou *Programme For International Student Assessment* ou em português: Programa Internacional de Avaliação de Estudantes. Com relação aos índices PISA e Gini, compare a classificação entre o Brasil e os demais países aqui citados.

Capítulo 2

Pares ordenados num plano cartesiano no 1º quadrante. Distâncias entre ponto e reta e entre retas paralelas. Estudo e desenho de ângulos e triângulos, usando o par de esquadros. Construções geométricas usando retas, ângulos e o compasso

2.1 Pares ordenados num plano cartesiano no 1º quadrante

Considerando um plano, por exemplo esta página do livro, podemos traçar duas retas perpendiculares, com direção e sentido, de forma a dividir o plano, no caso a página, em quatro partes iguais, chamadas quadrantes. A reta orientada na horizontal representa o eixo cartesiano X, sendo chamada de eixo das abscissas, enquanto a reta orientada na vertical representa o eixo Y, sendo chamada de eixo das ordenadas. À interseção dessas retas denomina-se origem 0. A partir do 1º quadrante, os demais são numerados, em ordem crescente e no sentido anti-horário. As figuras a seguir ilustram essas definições.

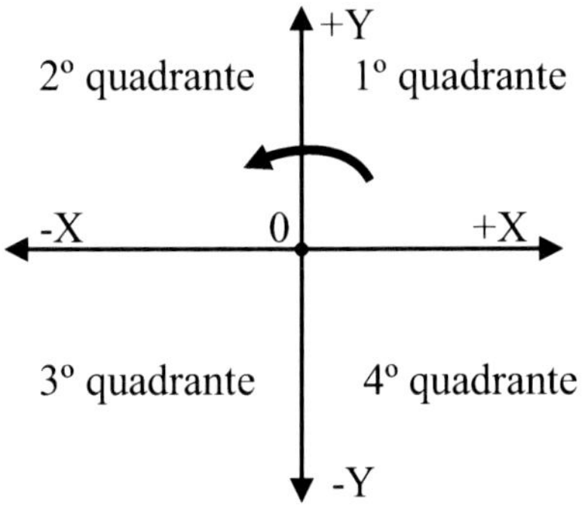

Considerando a origem 0, podemos localizar qualquer ponto, em qualquer um dos quatro quadrantes, com coordenadas, por exemplo em centímetros, tanto nas partes positivas, quanto nas negativas. Ordenadas acima do eixo cartesiano X são positivas e abscissas à direita do eixo cartesiano Y são positivas. Com isso temos o seguinte, em cada um dos quadrantes:

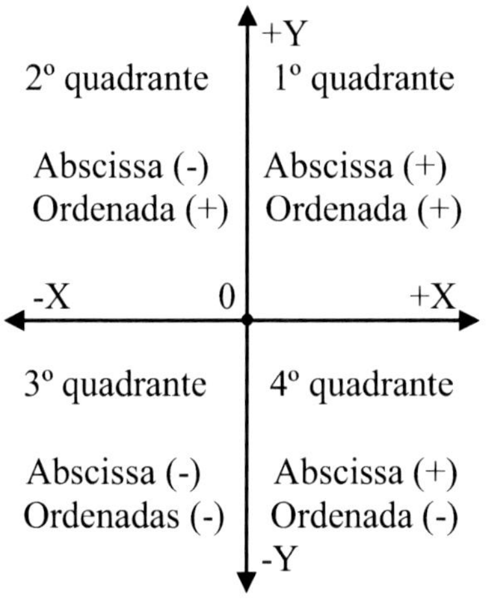

Considerando o 6º ano do Ensino Fundamental e construções de desenho geométrico, considera-se apenas elementos gráficos no 1º quadrante, ou seja, com abscissas x e ordenadas y com valores positivos. O exemplo a seguir mostra o desenho de uma reta AB, onde A tem abscissa +2 cm e ordenada +1 cm, enquanto B tem abscissa +4 cm e ordenada +3 cm. Matematicamente, esses pares ordenados podem ser representados simbolicamente da seguinte forma: A(+2; +1) e B(+4; +3). O que separa, dentro dos parênteses, as coordenadas cartesianas é um ponto e vírgula. Essa simbologia também é a utilizada em Geometria Analítica e Geometria Descritiva, disciplinas normalmente estudadas no Ensino Médio. Alguns autores também colocam as letras maiúsculas dos pontos entre parênteses, ou seja: (A)(+2; +1) e (B)(+4; +3).

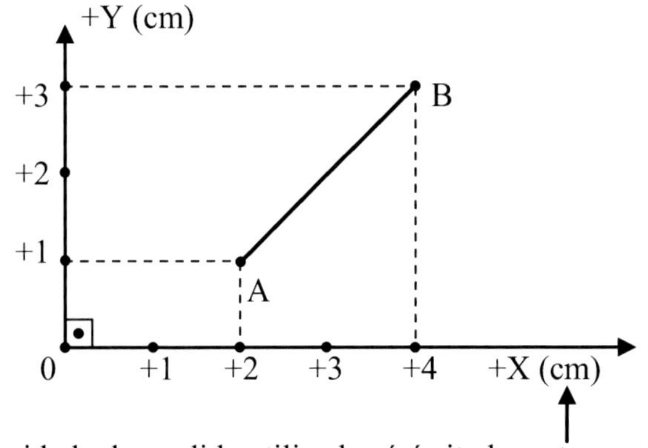

Esse desenho começa com a definição do ponto 0, ou seja origem 0(0; 0). A partir de 0, usando o par de esquadros, traça-se uma reta horizontal ou eixo cartesiano +X e, pelo mesmo ponto 0(0; 0), traça-se para cima uma perpendicular ou eixo cartesiano +Y. As abscissas e ordenadas são marcadas usando-se a régua ou o compasso. Ao usar o compasso, primeiro marca-se 1 cm e depois vão sendo marcados os pontos um a um.

A unidade de medida utilizada só é citada, entre parênteses, após a letra maiúscula do eixo cartesiano.

Esse simples desenho permite algumas análises matemáticas, como a seguir descritas.

Os pontos A, B e C, são chamados vértices.

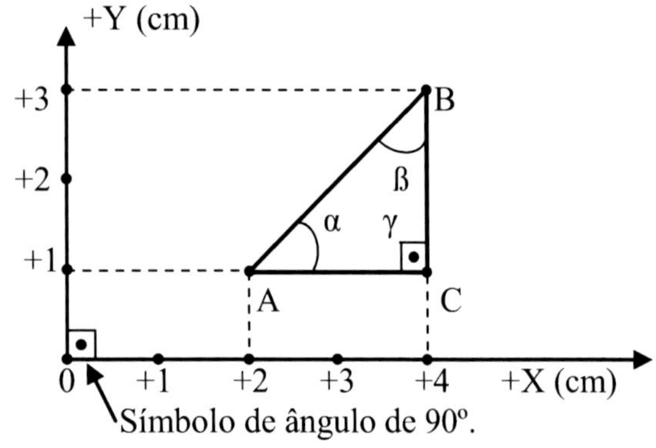

Traçando-se as retas AC e BC, respectivamente paralelas aos eixos cartesianos +X e +Y, obtém-se um triângulo ABC, de ângulos α (alfa), ß (beta) e γ (gama), pois assim são marcados ângulos com letras gregas minúsculas. Observa-se que os lados AC e BC são iguais e medem 2 cm cada. O valor exato do lado AB pode ser obtido pelo Teorema de Pitágoras, citado no exercício 2.5.5.3. Ao se fazer a medição de AB, usando a régua ou o escalímetro, obtém-se um valor aproximado. (Como será visto, AB = 2,82842 cm). Esse valor exato é impossível de ser obtido visualmente.

Por que γ vale 90º? Porque os lados AC e BC são paralelos aos eixos cartesianos +X e +Y.
Quais os valores dos ângulos α e ß? Esses ângulos são iguais e valem 45º cada. Isso pode ser verificado, tanto usando o transferidor, quanto analisando o esquadro de 45º, cujos lados são iguais.

Exercício resolvido: Faça o desenho de um quadrado de lados iguais a 3 cm, que está inteiramente no 1º quadrante e sabendo que o seu ponto A, ou melhor, vértice A, tem coordenadas A(+1; +1).

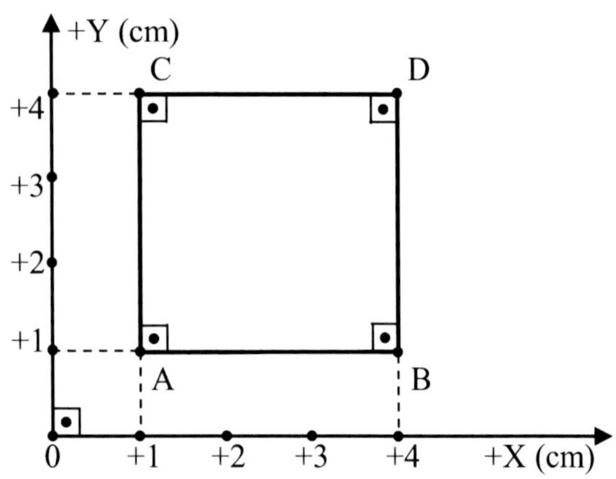

Pelos dados do exercício, as coordenadas cartesianas dos vértices do quadrado, são definidas a partir do ponto A(+1; +1), somando-se 3 cm, para a direita e para cima. As letras foram colocadas nessa ordem, mas podem ser alteradas. Portanto: B(+4; +1), C(+1; +4) e D(+4; +4).
Após o desenho dos eixos cartesianos, usando o par de esquadros, traçam-se paralelas e perpendiculares, a partir do ponto A, obtendo-se a figura de um quadrado no 1º quadrante com lado igual a 3 cm.
Observa-se que esse desenho também pode ser feito no computador, por exemplo, usando o programa Word, como foi o caso desse exercício.

2.2 Distâncias entre ponto e reta e entre retas paralelas

Para determinar a distância entre duas retas paralelas, traça-se uma perpendicular às paralelas e, o comprimento do segmento de reta onde a perpendicular intercepta ou cruza as paralelas, é a distância entre as paralelas.

Determinar a distância entre as retas r e s paralelas, abaixo mostradas:

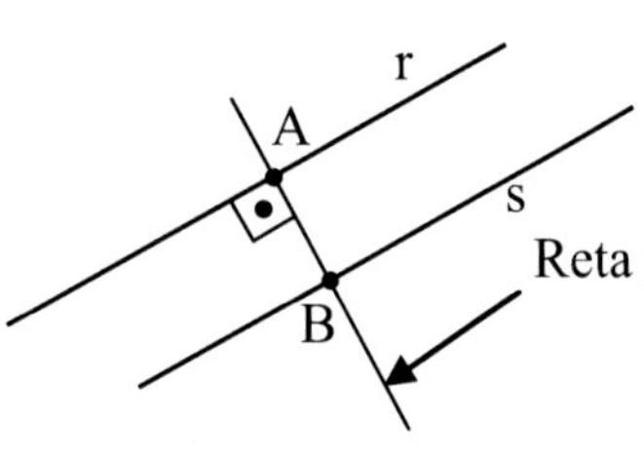

O comprimento do segmento AB é a distância entre as paralelas.

Reta perpendicular a r e s.

Imagine que você esteja sentado em uma sala de aula, numa das cinco linhas paralela à parede da lousa, com vários colegas na mesma linha. Ou seja, em cada linha todos estão à mesma distância da parede. Como se mede a distância de cada aluno da 1ª linha à parede interna? O desenho a seguir mostra o interior da sala de aula, como se estivesse olhando de cima (ou do teto). Esse tipo de desenho é chamado de planta em Arquitetura.

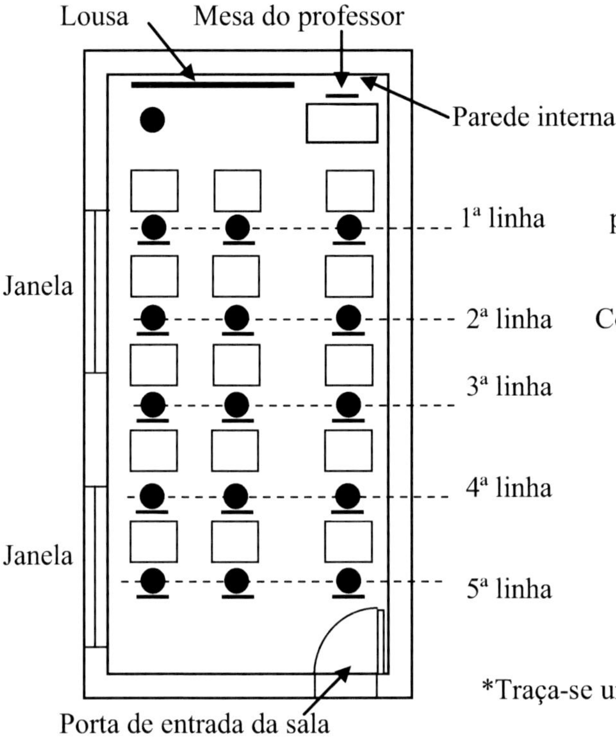

Os círculos pretos são as pessoas, vistas de cima.

A Geometria cita que: "a distância entre um ponto e uma reta, é determinada traçando-se uma reta perpendicular à reta considerada, passando pelo ponto".

Considerando cada círculo preto como um ponto, tem-se:

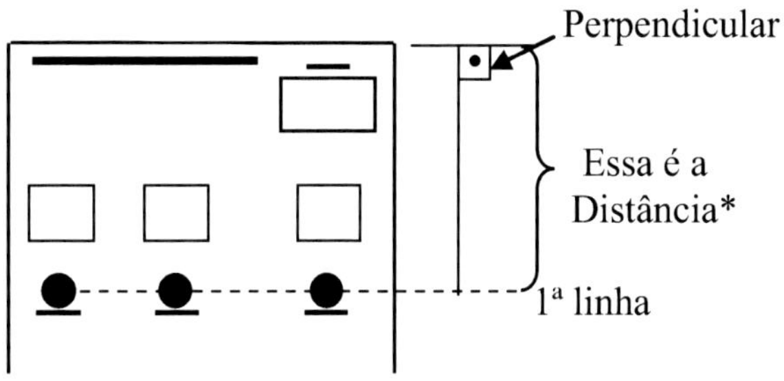

*Traça-se uma linha perpendicular à parede, passando pelo ponto.

2.3 Desenho e operações com ângulos, usando o par de esquadros. Estudo dos ângulos. Estudo e desenho dos triângulos

Considerando que o par de esquadros têm ângulos de 30º, 45º, 60º e 90º, é possível traçar esses ângulos, bem como suas somas e subtrações. O traçado desses ângulos, com os esquadros, é muito mais fácil e preciso, do que quando se usa o transferidor. O traçado de ângulos também contempla a movimentação dos esquadros, como visto no capítulo 1. Observa-se que, para traçar um ângulo, primeiro se desenha uma linha base, pois o ângulo será em relação a essa base. É importante citar que, os dois esquadros têm que ser utilizados ao mesmo tempo, tal como no traçado de perpendiculares e paralelas. Isto porque ao se separar um dos esquadros, eles saem de posição, causando erro no ângulo. Também se observa que, a verificação dos ângulos a seguir mostrados pode ser feita com os próprios esquadros.

2.3.1 Ângulos de 30º

Para cima e à direita:

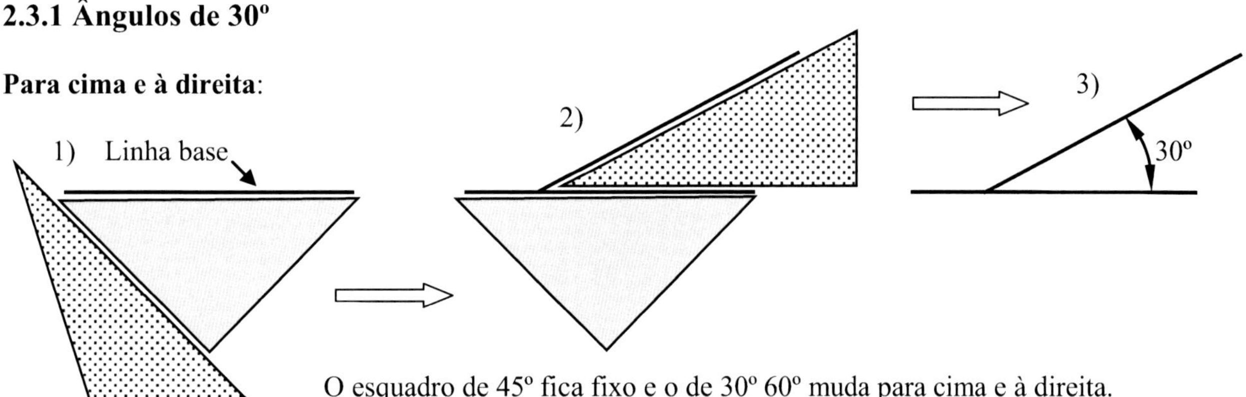

O esquadro de 45º fica fixo e o de 30º 60º muda para cima e à direita.

Mais uma vez, observa-se que as posições dos esquadros mostradas aqui, admitem mudanças. Por exemplo, é normal, em alguns casos, que destros e canhotos visualizem as posições de formas diferentes.

Para cima e à esquerda:

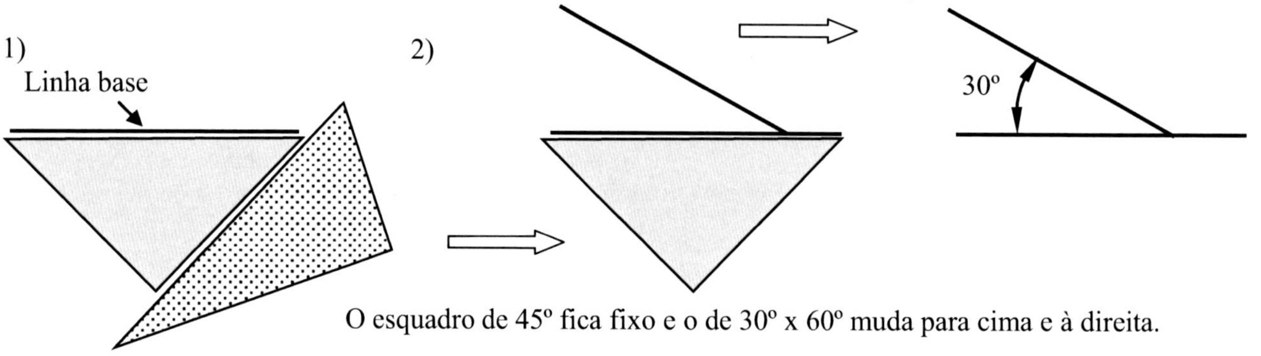

Para baixo e à direita:

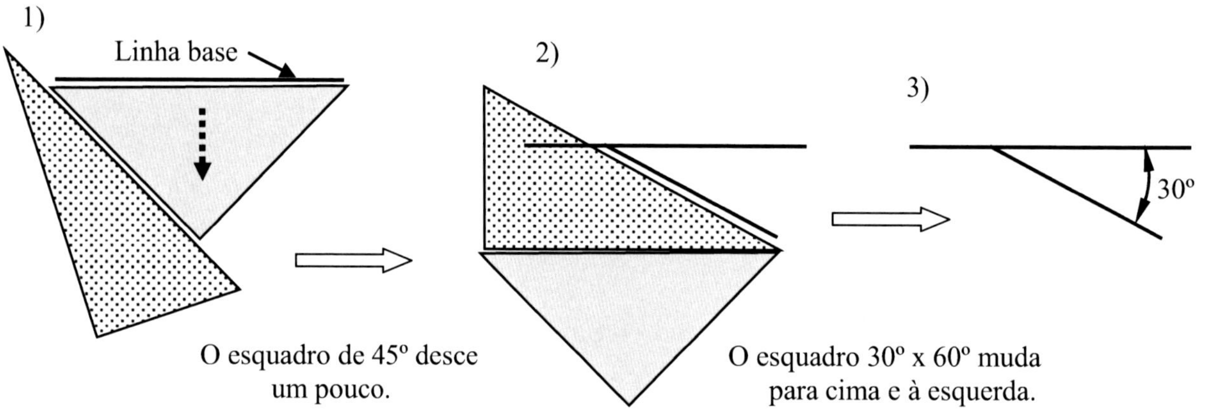

Para baixo e à esquerda:

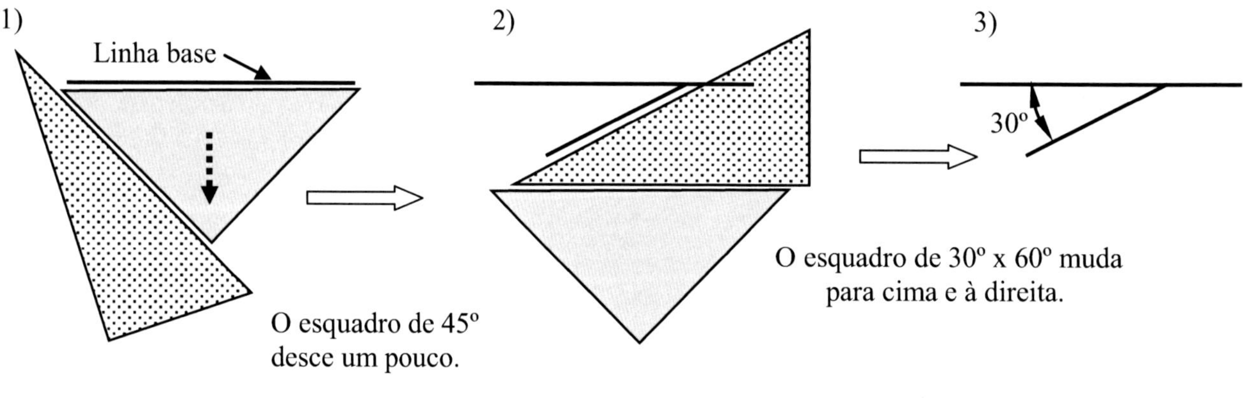

2.3.2 Ângulos de 45º

Para cima e à direita:

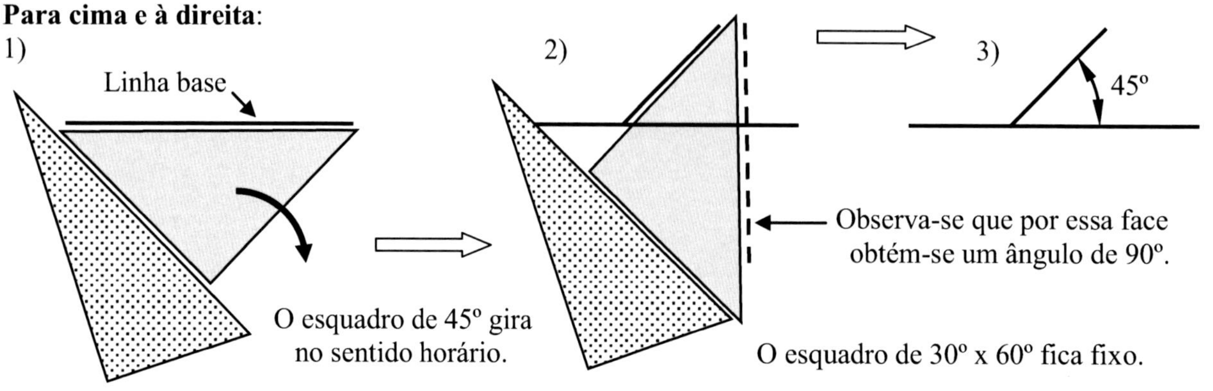

Para cima e à esquerda:

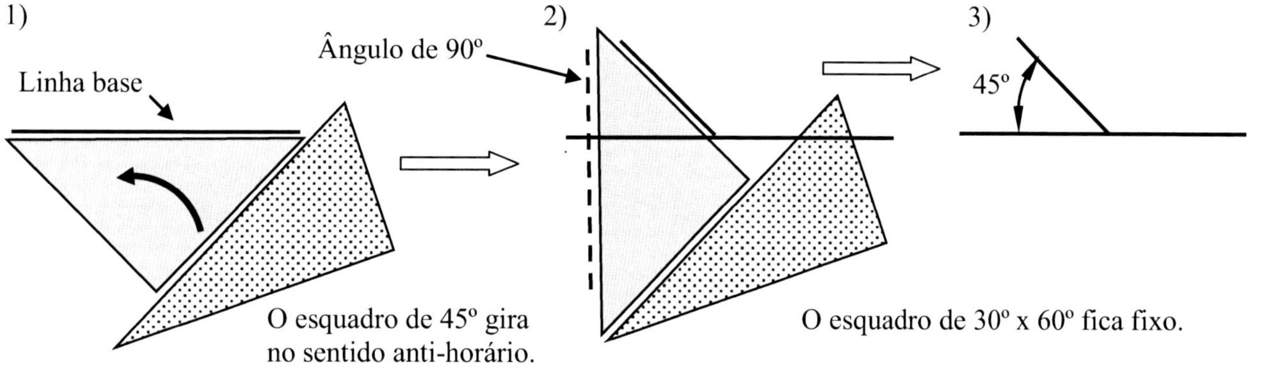

Para baixo e à direita:

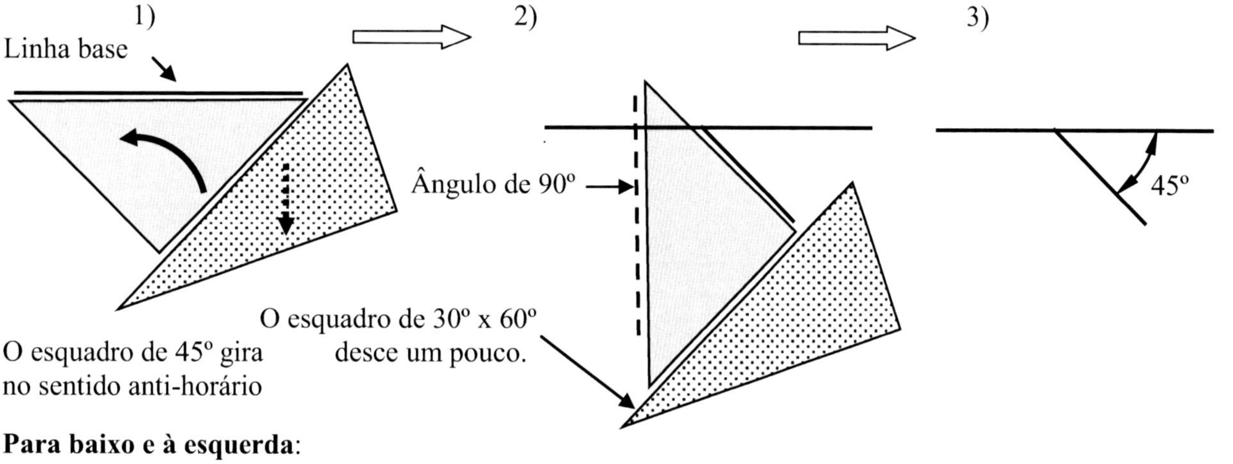

Para baixo e à esquerda:

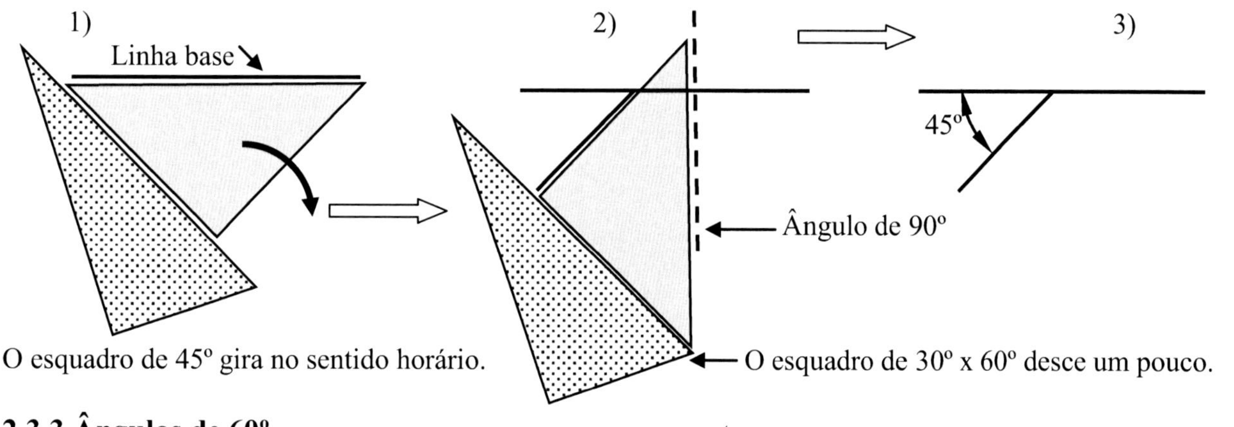

2.3.3 Ângulos de 60º

Para cima e à direita:

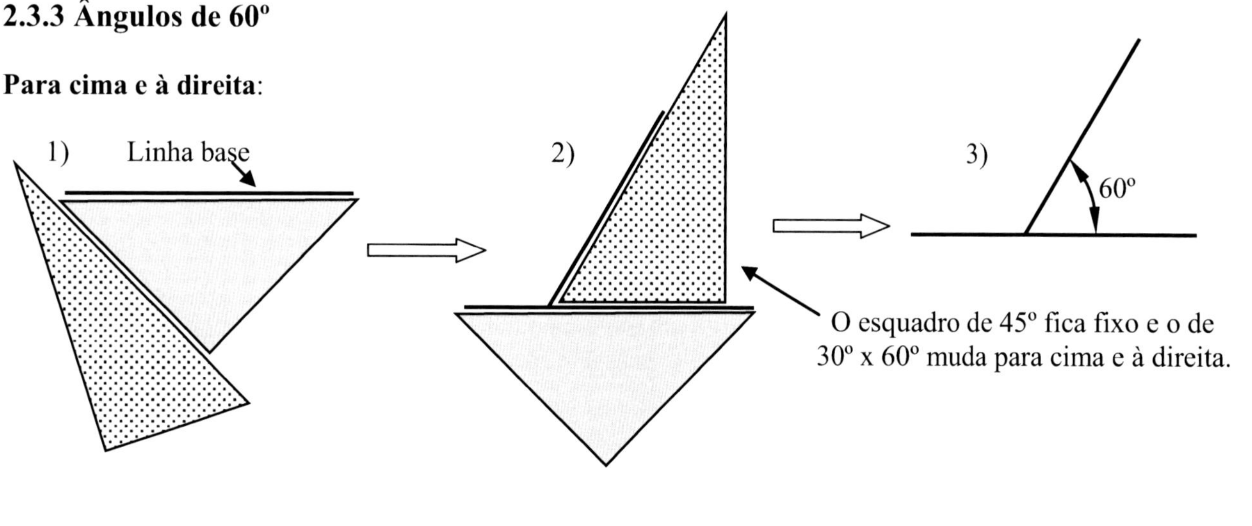

Para cima e à esquerda:

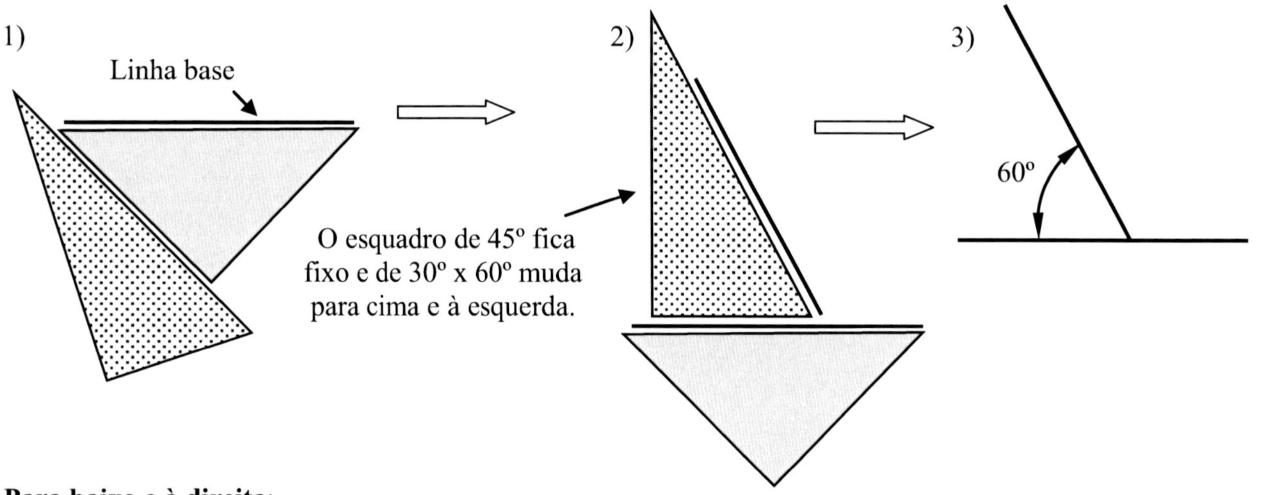

Para baixo e à direita:

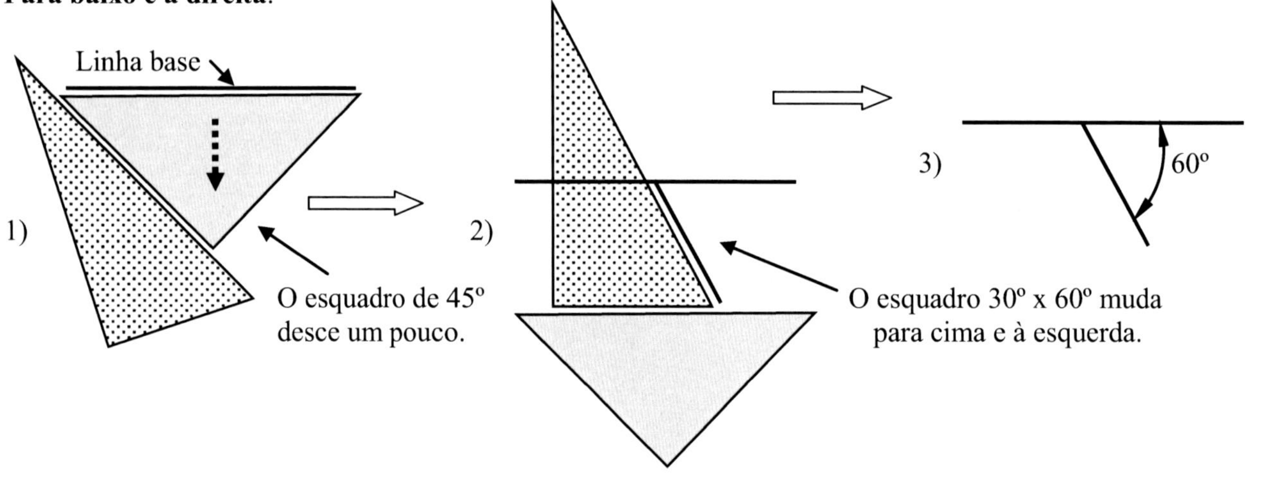

Para baixo e à esquerda:

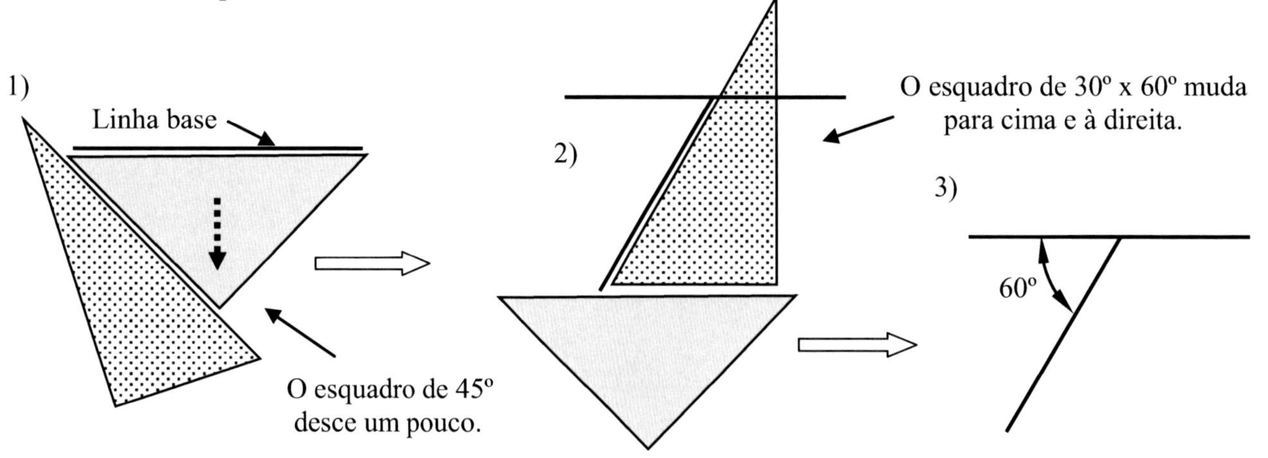

2.4 Soma e subtração de ângulos com o par de esquadros

Além de, com o par de esquadros, ser possível traçar ângulos de 30°, 45°, 60° e 90°, também é possível obter suas somas e subtrações, tanto para a direita, quanto para a esquerda.

Soma: 30º + 45º = 75º.

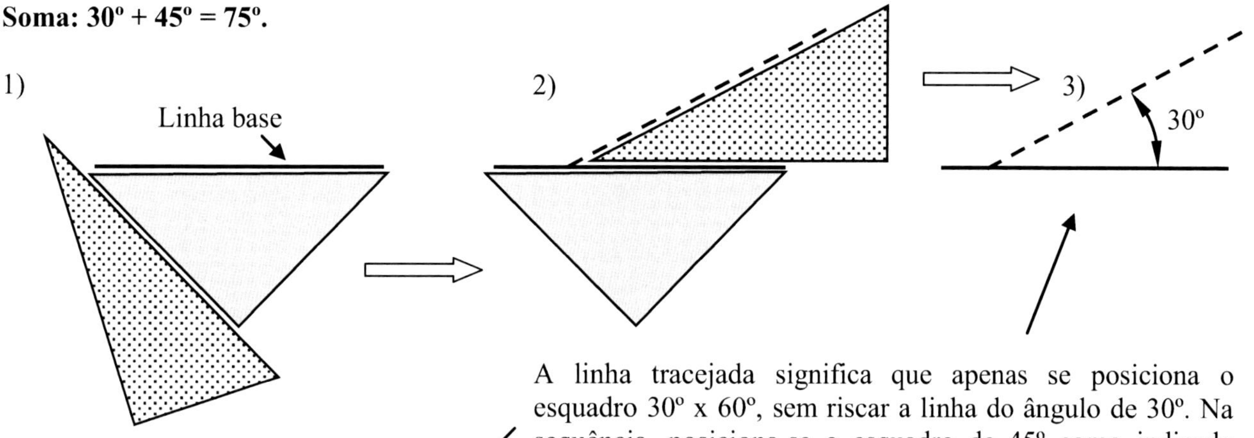

A linha tracejada significa que apenas se posiciona o esquadro 30º x 60º, sem riscar a linha do ângulo de 30º. Na sequência, posiciona-se o esquadro de 45º como indicado para, então se riscar o ângulo de 75º.

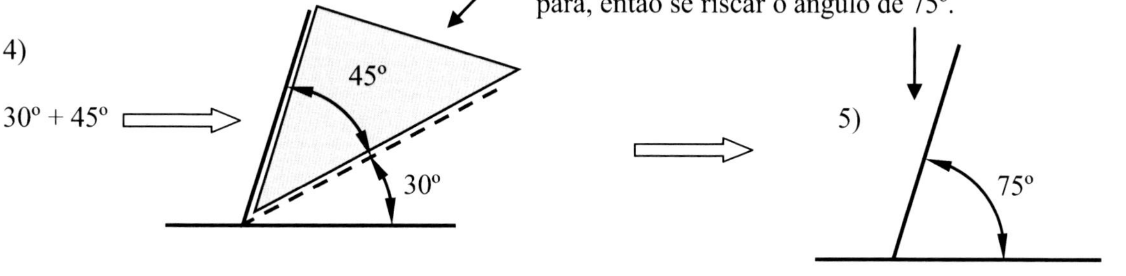

Subtração: 45º - 30º = 15º.

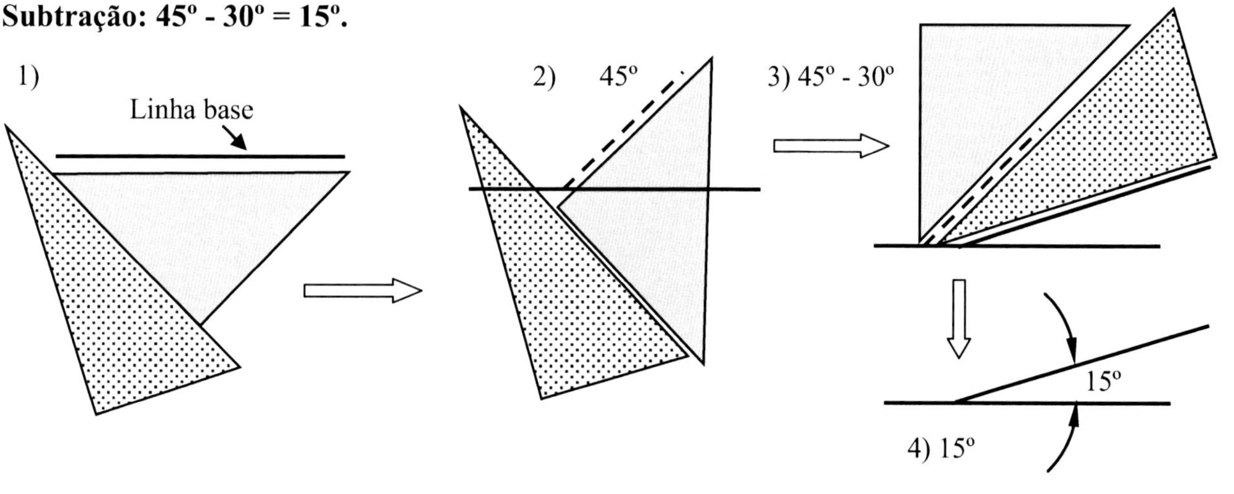

Soma: 30º + 60º = 90º.

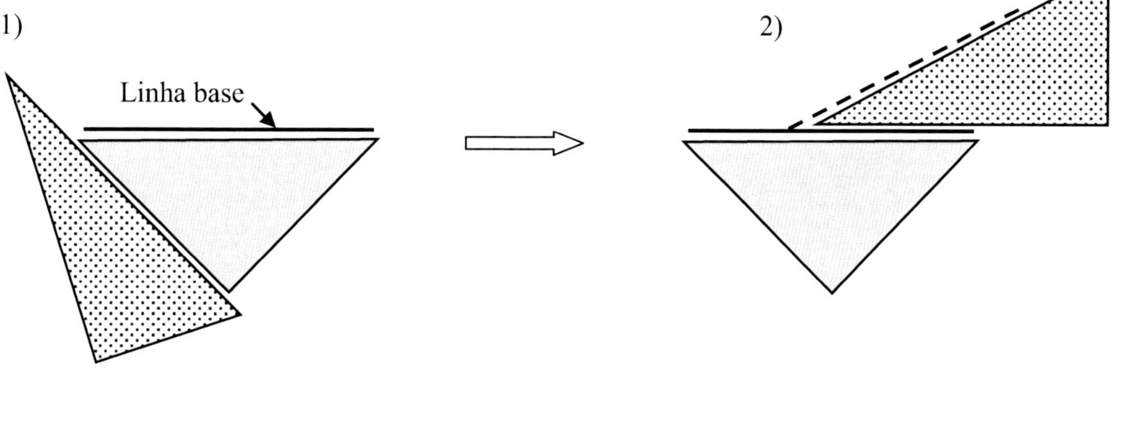

3)

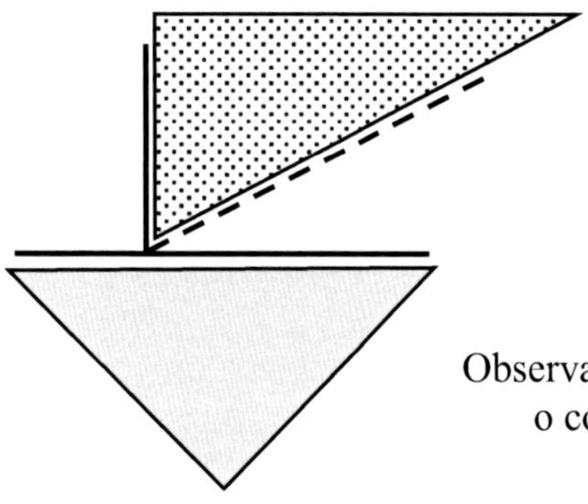

4)

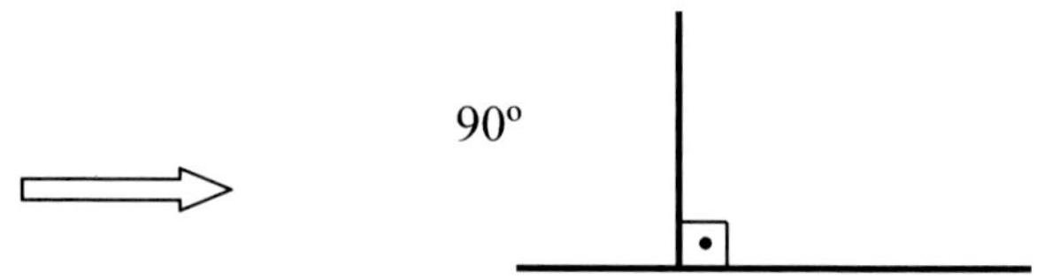

Observa-se ser mais fácil e prático, traçar um ângulo de 90º, usando o conceito de reta perpendicular, visto no parágrafo 2.3.

2.5 Estudos dos ângulos

Ângulo plano é uma medida, em geral expressa em graus (existem outras medidas de ângulos), delimitada num plano, entre a interseção de duas retas inclinadas.

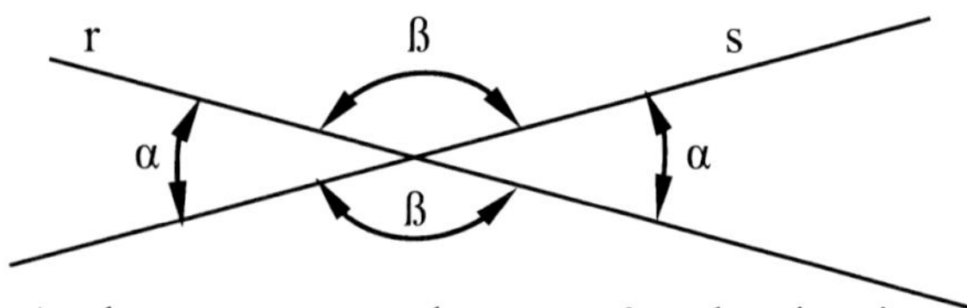

As duas retas, gerando quatro ângulos, iguais dois a dois, chamados opostos pelo vértice

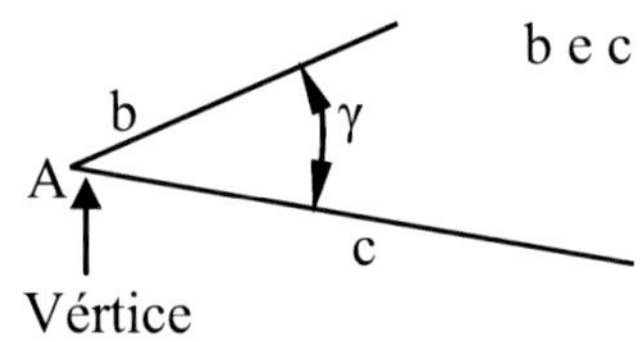

b e c são os lados

Um ângulo, como normalmente estudado

2.5.1 Classificação

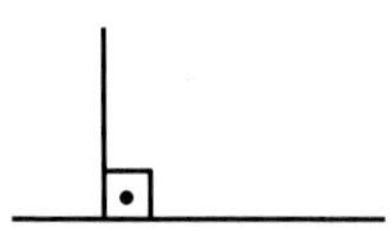

A

Ângulo reto: igual a 90º

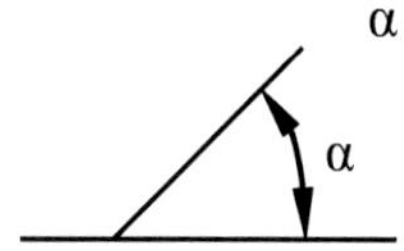

B

Ângulo α agudo: menor que 90º

$\alpha + ß = 180º$, chamado ângulo raso.

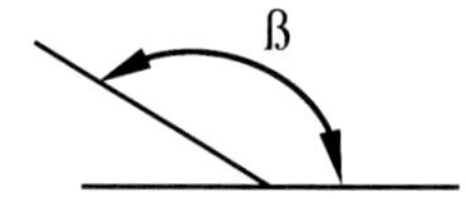

C

Ângulo ß obtuso: maior que 90º

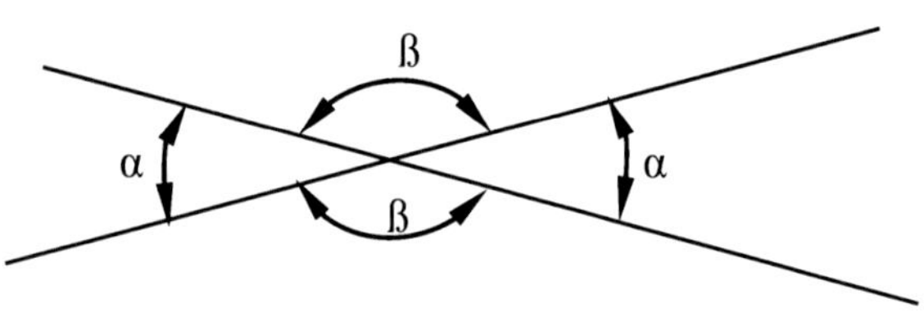

Ângulos opostos pelo vértice: $2\alpha + 2ß = 360º$

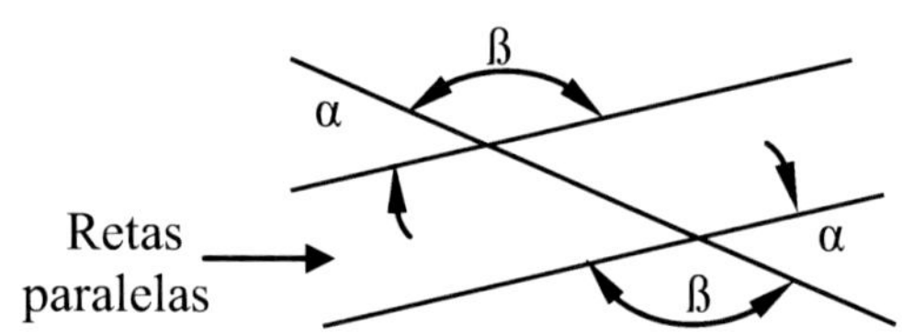

Ângulos alternos internos: $\alpha + ß = 180º$

Ângulos adjacentes:
(ou lado a lado)

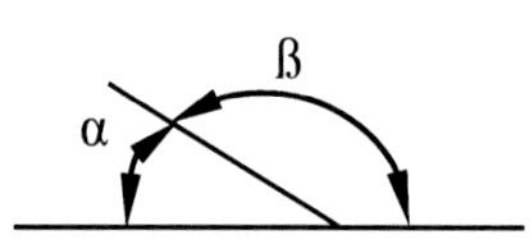

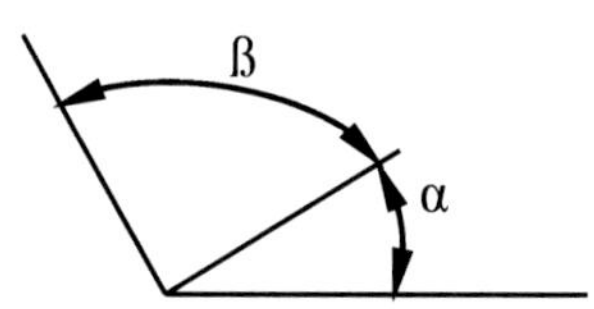

Ângulos complementares: dois ângulos complementares têm soma de 90º.

Ângulos suplementares: dois ângulos suplementares têm soma de 180º. Um ângulo de 180º é chamado de raso.

Ângulos replementares: dois ângulos replementares têm soma de 360º.

2.5.2 A divisão de um ângulo em partes iguais, com uso do compasso: a bissetriz

Matematicamente, bissetriz é o lugar geométrico dos pontos equidistantes aos lados de um ângulo. Ou seja, quando se traça a bissetriz de um ângulo, qualquer ponto pertencente a ela está à mesma distância de cada um dos lados do ângulo. Lembra-se que, como visto no parágrafo 2.4, para determinar a distância entre um ponto e uma reta (no caso o lado do ângulo), traça-se uma perpendicular à reta (aqui, lado do ângulo), passando pelo ponto. Observe o desenho a seguir.

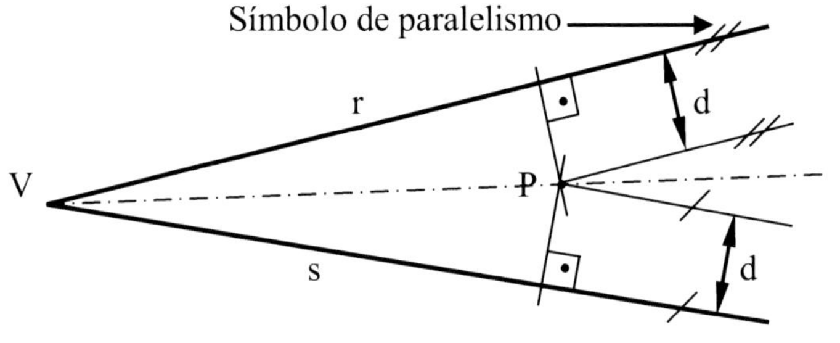

Considerando a linha de traço e ponto como bissetriz do ângulo, considerando que o ponto P está sobre a bissetriz, afirma-se que as distâncias d são iguais.

O traçado da bissetriz, com uso do compasso:

1º passo: coloca-se a ponta seca ou metálica do compasso no vértice V do ângulo, marcando-se em cada lado um arco de raio qualquer, determinando os pontos A e B.

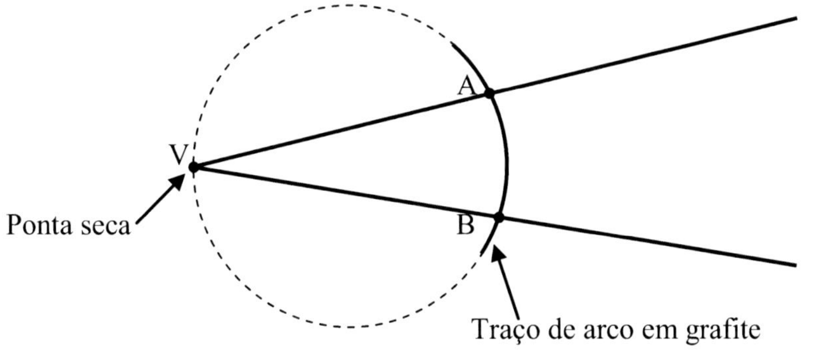

2º passo: usando-se o mesmo raio usado, para marcar os pontos A e B, ou um outro raio maior ou menor, traçam-se arcos, com centros ou ponta seca sobre A e B, determinando o ponto P, no cruzamento desses arcos.

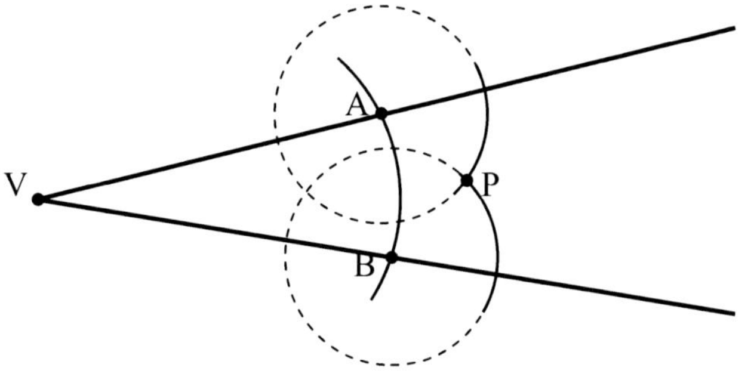

3º passo: A bissetriz, passa pelo ponto P e pelo vértice V, bastando traçar uma reta em traço e ponto, unindo P e V.

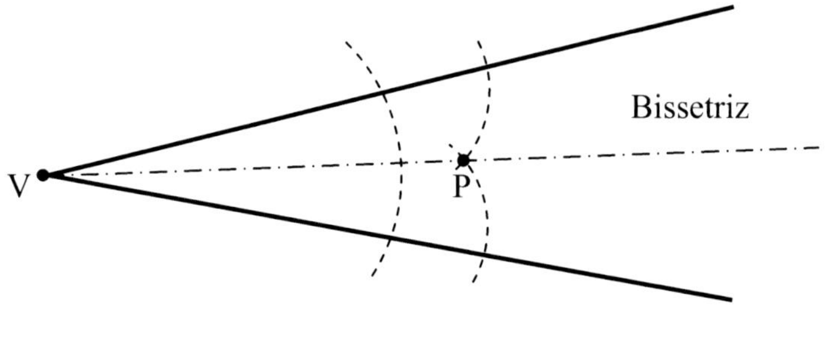

Bissetrizes de ângulos têm muita utilização em desenho geométrico, por exemplo, para se determinar o incentro de um triângulo, que é determinado pelo encontro das três bissetrizes dos três ângulos.

2.5.3 A divisão do ângulo reto (90º) em três partes iguais, usando o compasso

Os passos são: 1º: traça-se o ângulo de 90º, a partir de uma linha base, usando o par de esquadros; 2º: com a ponta seca do compasso posicionada no vértice do ângulo, traço um arco de raio qualquer (abertura do compasso), marcando os pontos A e B nos lados do ângulo; 3º: com a mesma abertura do compasso, posiciono a ponta seca do compasso no ponto A e marco o ponto C, no arco marcado no passo anterior; 4º: com a mesma abertura do compasso, posiciono a ponta seca do compasso no ponto B e marco o ponto D, no arco marcado no 2º passo e 5º: traço retas unindo os pontos C e D ao vértice do ângulo, obtendo os três ângulos de 30º.

Posições e giro do esquadro para traçar uma perpendicular:

1º)

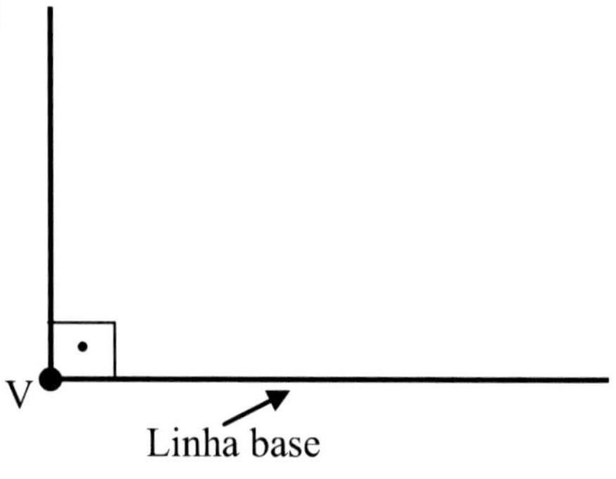

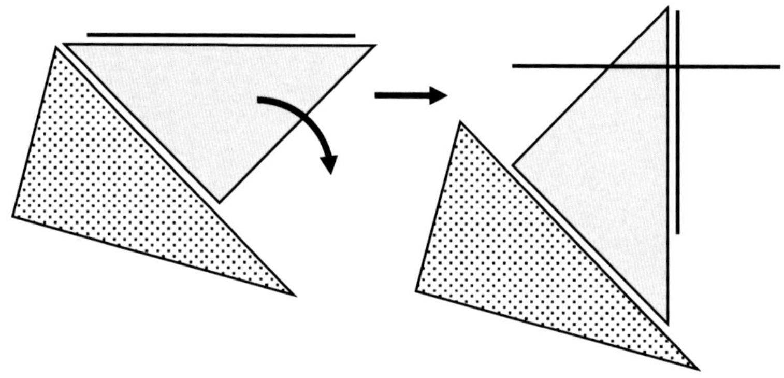

2º)

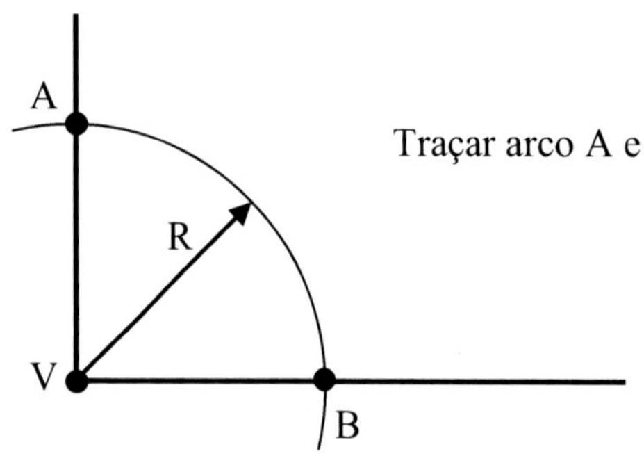

Traçar arco A e B, de raio R, de qualquer medida.

3º)

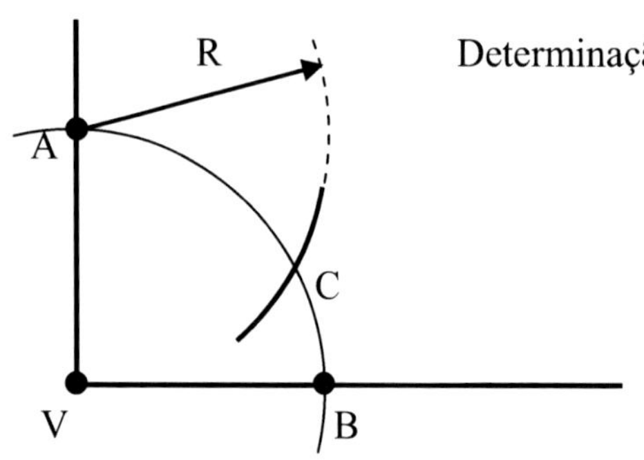

Determinação do ponto C.

4º) Determinação do ponto D

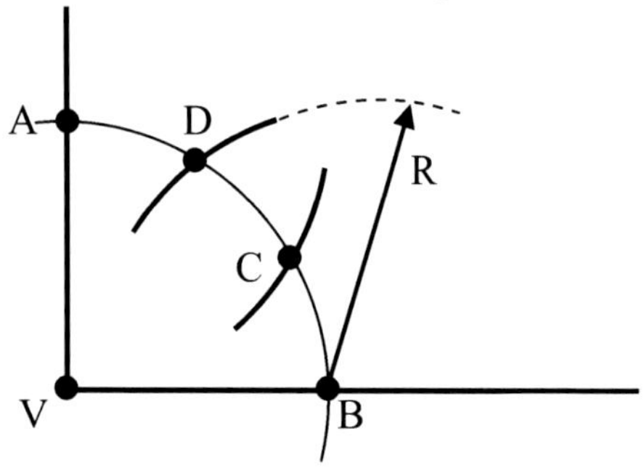

5º) O ângulo de 90º dividido por três

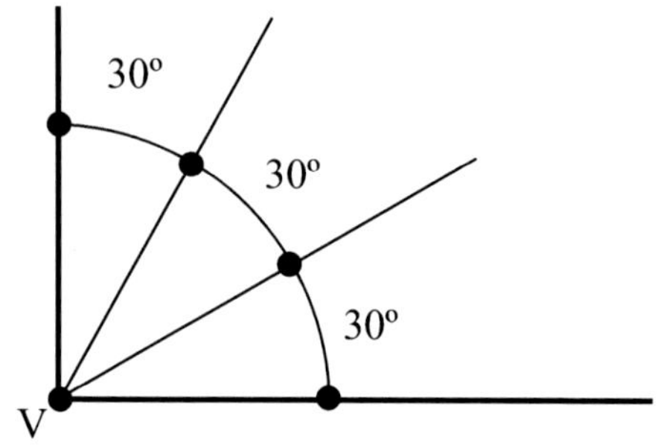

2.5.4 Operações matemáticas e representações de ângulos

Aritmeticamente, as quatro operações se aplicam aos ângulos, observando-se que, no que se refere à multiplicação e à divisão, só tem sentido multiplicar ou dividir um ângulo, por um escalar ou um número constante. Por exemplo, 30º vezes três é igual a 90º. Do mesmo jeito, 80º dividido por dois é igual a 40º. Quanto às adição e subtração, as operações são diretas, ou seja: 75º - 30º = 45º e 75º + 30º = 105º.

Quando expressos em graus, os ângulos podem ser escritos, tanto na forma decimal, quanto nos submúltiplos minutos e segundos. O grau é marcado com a letra "o" minúscula e sobrescrita (30º = 30 graus), o minuto é uma vírgula sobrescrita (30º 18' = 30 graus e 18 minutos) e o segundo duas vírgulas sobrescritas (30º 18' 27" = 30 graus, 18 minutos e 27 segundos).

Na forma decimal, por exemplo: 35,4º ou 75,82º, ângulos podem ser expressos em graus, minutos e segundos, da forma a seguir mostrada, observando-se que um grau é igual a 60 minutos e um minuto é igual a 60 segundos:

35,4º = 35º + 0,4º = 35º + (0,4 x 60)' = 35º + 24', ou seja: 35º 24' => 35 graus e 24 minutos.

75,82º = 75º +0,82º = + (0,82 x 60) = 75º + 49,2' = 75º + 49' + (0,2 x 60)" => 75º 49' 12", ou seja: 75 graus, 49 minutos e 12 segundos.

Exercício 2.10.1) Na figura a seguir determinar o valor de x, expressando os valores dos ângulos α e ß.

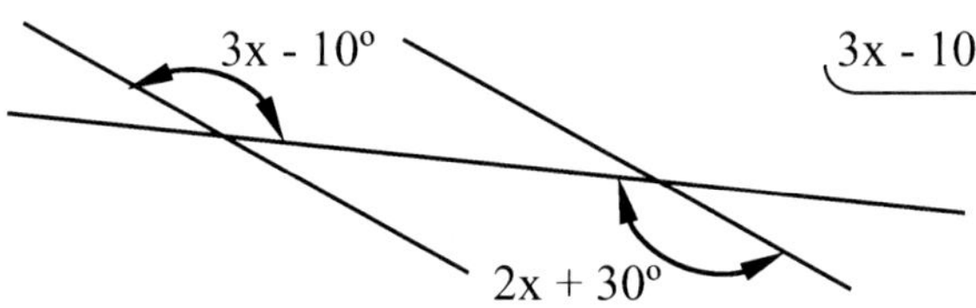

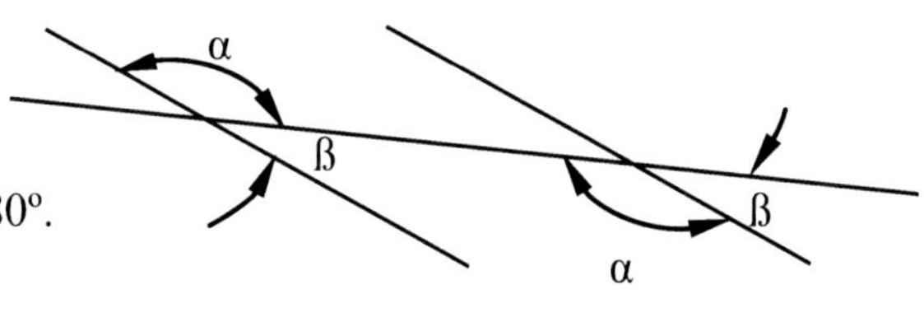

α + ß = 180º.

Os ângulos mostrados são do tipo alternos internos, ou seja:

3x - 10º = 2x + 30º => 3x - 2x = 30º + 10º => x = 40º .
*

Com x = 40º , os ângulos são:

α = 3x - 10º => α = 110º.
ß = 180º - 110º => ß = 70º.

*Esta igualdade configura uma equação do 1º grau.

2.5.5 Exercícios resolvidos sobre retas e ângulos

2.5.5.1) A partir do segmento de reta AB, a seguir (reta base), com 10 centímetros (10 cm) de comprimento, pede-se: a) traçar uma reta paralela à mesma, para cima, de mesmo comprimento e com distância de três centímetros (3 cm) da reta base; b) Trace um ângulo de 60º para a direita, com o lado do ângulo cortando as paralelas e passando um centímetro (1 cm) de cada paralela e c) A partir do ângulo de 60º, analise e determine todos os demais ângulos formados.

Passos do raciocínio lógico geométrico para traçar a paralela:

1º) Traço uma reta perpendicular à reta base, seguindo as posições do par de esquadros, descritas no parágrafo 2.3. 2º) Marco um comprimento de 3 cm nessa perpendicular e 3º) Traço a reta paralela à base, seguindo as posições dos esquadros, descritas no parágrafo 2.2 e 4º) Marco 10 cm na reta paralela superior, deixando-a alinhada com a reta base.

A ———————————————————— B

Reta base, com 10 cm de comprimento.

a) Traçando a reta paralela à reta base:

1º) Traçando a reta perpendicular à reta base:

Posições e manuseio do par de esquadros, para traçar a perpendicular:

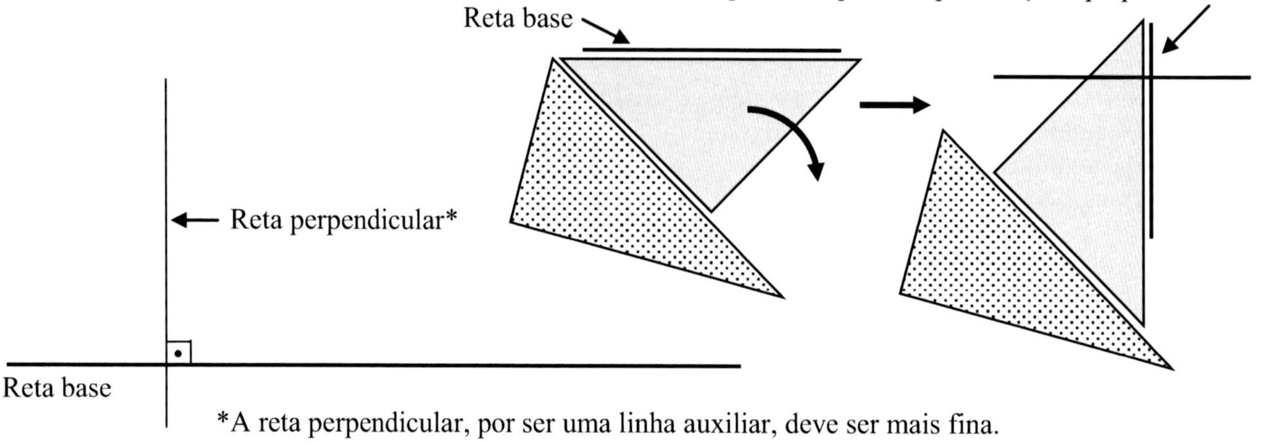

*A reta perpendicular, por ser uma linha auxiliar, deve ser mais fina.

2º) Marcando 3 cm na reta perpendicular, para traçar a paralela:

Essa marcação, tanto pode ser feita usando-se diretamente a régua graduada (ou o escalímetro), quanto usando o compasso, transferindo a medida de 3 cm da régua, para a perpendicular.

3º) Traçando a paralela CD e 4º) marcando os 10 cm, para as paralelas ficarem alinhadas:

Faz-se o alinhamento das paralelas, traçando perpendiculares nas extremidades AB.

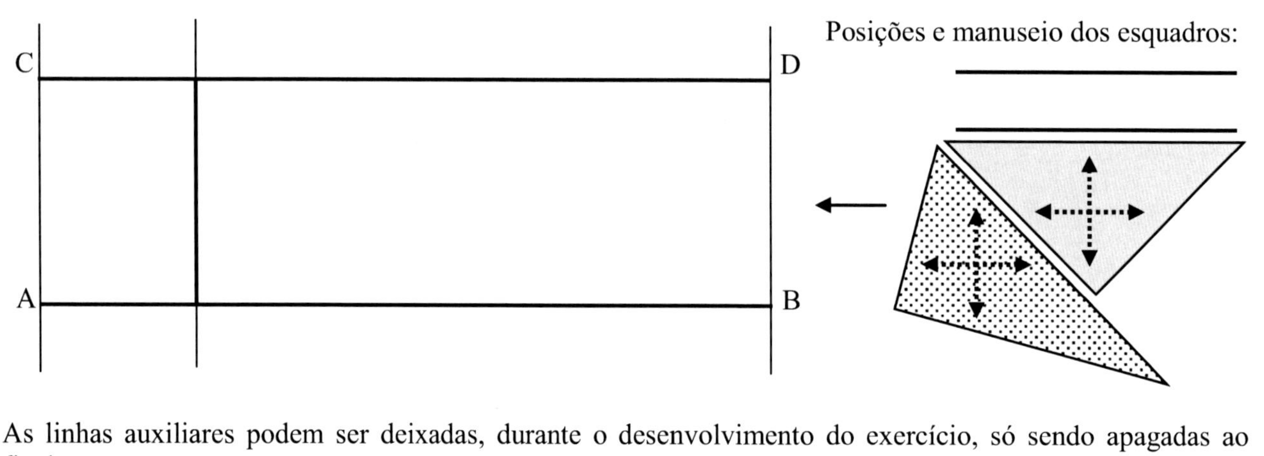

As linhas auxiliares podem ser deixadas, durante o desenvolvimento do exercício, só sendo apagadas ao final.

b) Traçando um ângulo de 60º para a direita, com o lado do ângulo cortando as paralelas e passando um centímetro (1 cm) de cada paralela

1º) Traço o ângulo de 60º para a direita, como mostrado no parágrafo 2.5:

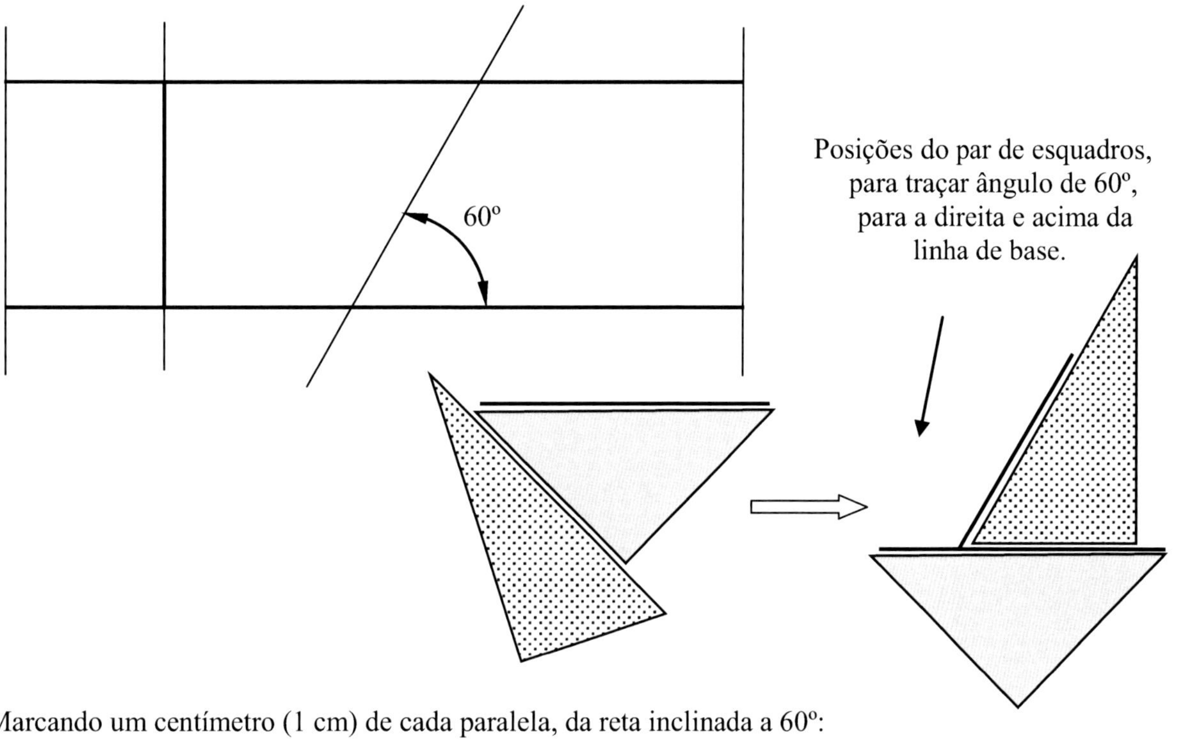

2º) Marcando um centímetro (1 cm) de cada paralela, da reta inclinada a 60º:

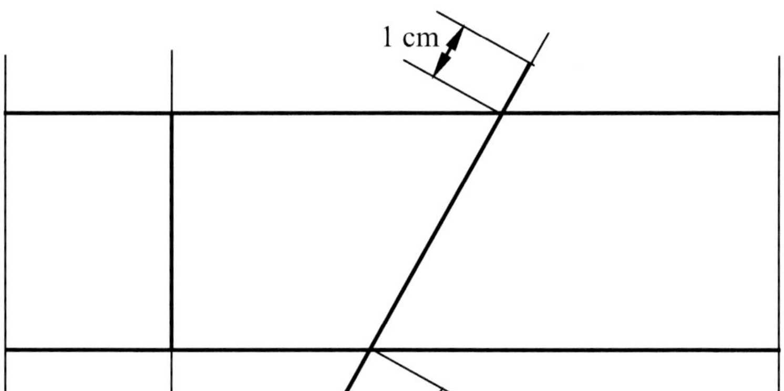

Essa marcação de 1 cm pode ser feita usando diretamente a régua graduada.

Desenho final, sem as linhas auxiliares e com a determinação de todos os ângulos formados.

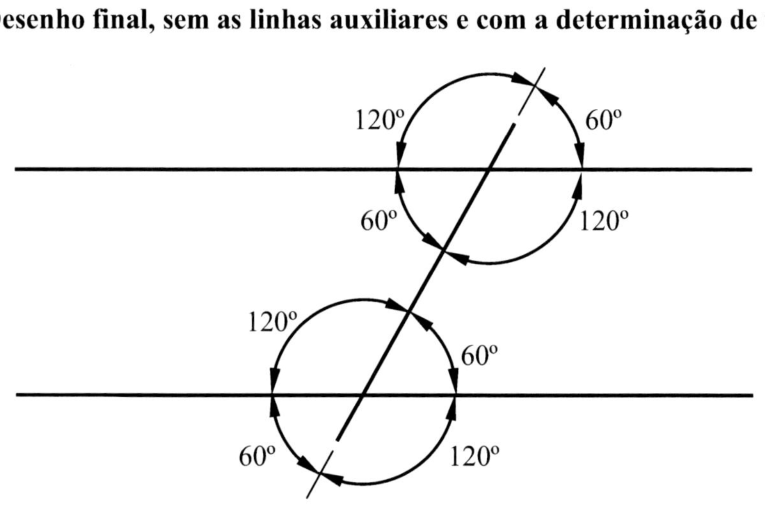

Segundo o parágrafo 2.7, esses ângulos de 60º e 120º são opostos pelo vértice e alternos internos.

2.5.5.2) Desenhe uma linha horizontal AB com 4 cm de comprimento (linha base). Pela extremidade A, à esquerda, trace uma perpendicular com 3 cm de comprimento, com extremidade de letra C. Una o ponto C ao B, interpretando qual figura aparece e determinando, com a régua graduada, o valor do segmento CB.

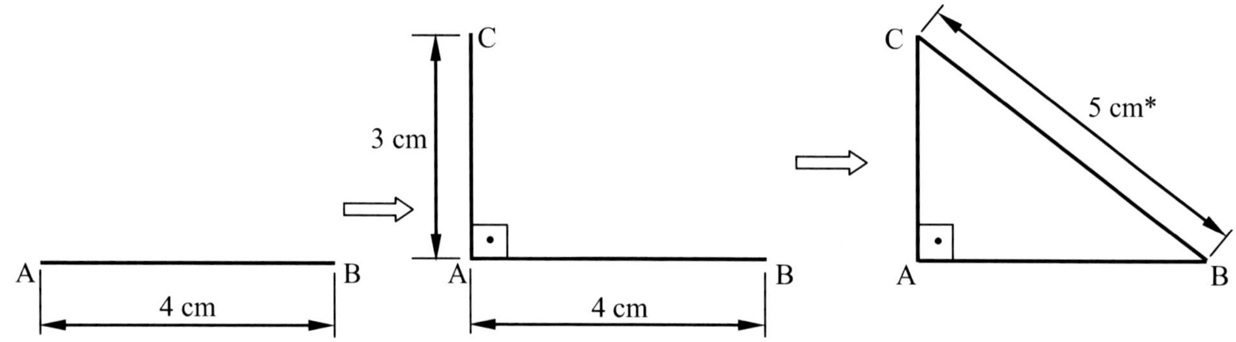

*A comprovação matemática de CB = 5 cm é mostrada abaixo.

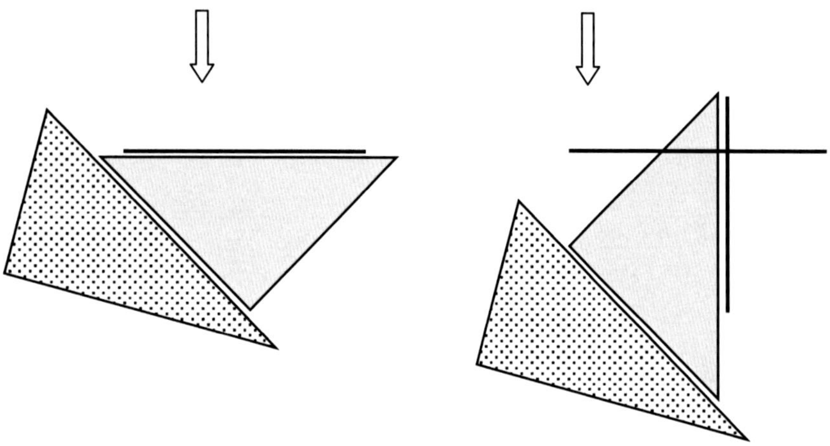

Essas imagens inferiores mostram, de forma simplificada, as posições dos esquadros para traçar a linha base (AB) e a perpendicular (AC).

*Esse triângulo com lados menores AB e AC, chamados catetos, e lado maior BC, chamado hipotenusa, é conhecido como triângulo pitagórico**, de onde surge o famoso e importante Teorema de Pitágoras, que cita:

"Em todo e qualquer triângulo retângulo, a soma dos quadrados dos catetos é igual ao quadrado da hipotenusa".

Utilizando as letras ABC, tem-se: $BC^2 = AB^2 + AC^2$. Ou seja: $(5)^2 = (3)^2 + (4)^2 \Rightarrow 25 = 9 + 16 \Rightarrow 25 = 25$.

Observa-se que o quadrado de um número é obtido multiplicando-se o número por ele mesmo.

$5^2 = 5 \times 5 = 25$; $4^2 = 4 \times 4 = 16$ e $3^2 = 3 \times 3 = 9$. (Esses valores são obtidos com análises trigonométricas)

**Os dois ângulos agudos do triângulo retângulo: 3 x 4 x 5, valem respectivamente 37º e 53º. O triângulo pitagórico tem ângulos diferentes do esquadro 30º x 60º.

2.5.5.3) Considerando que, quadrados são polígonos regulares, com quatro lados de mesma dimensão, lados paralelos dois a dois e com ângulos internos de 90º, pede-se: a) Desenhe um triângulo retângulo de lados 3 cm, 4 cm e 5 cm, exatamente igual ao do exercício anterior, e na mesma posição; b) Sobre cada lado desenhe um quadrado, com lado exatamente igual ao lado do triângulo em questão, de forma que se tenha um triângulo 3 cm, 4 cm e 5 cm, com um quadrado desenhado em cada lado; c) Em cada quadrado desenhado trace retas paralelas a cada lado e espaçadas de 1 cm e d) interprete a figura que surge, especialmente com relação ao "Teorema de Pitágoras".

a) Desenho do triângulo retângulo de lados 3 cm, 4 cm e 5 cm, exatamente igual ao do exercício anterior, e na mesma posição:

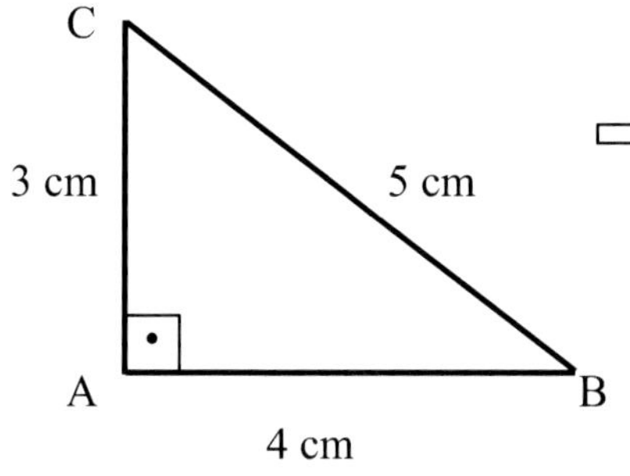

b) Desenho dos quadrados, em cada lado.

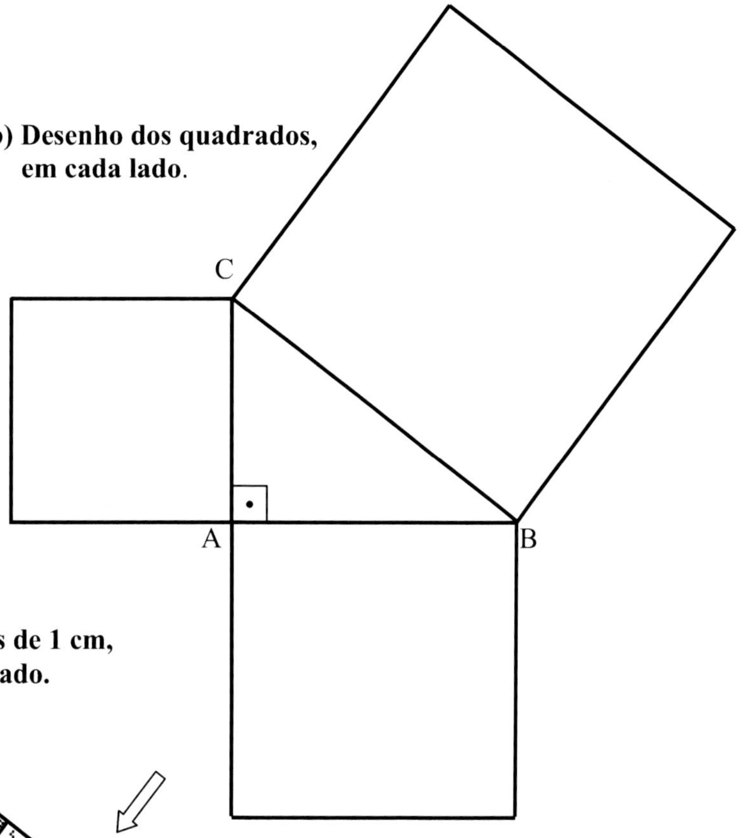

c) Desenho de retas paralelas, espaçadas de 1 cm, em cada quadrado. Paralelas a cada lado.

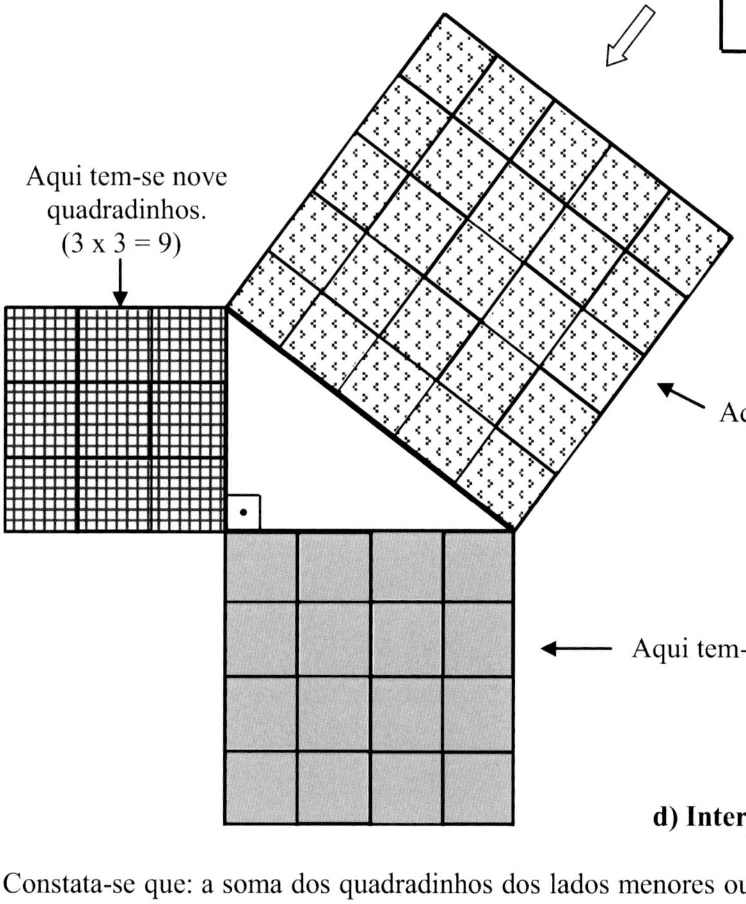

Aqui tem-se nove quadradinhos. (3 x 3 = 9)

As posições dos esquadros, para traçar as paralelas, formando os quadradinhos, está mostrada no exercício anterior.

Aqui tem-se 25 quadradinhos (5 x 5 = 25).

Aqui tem-se 16 quadradinhos (4 x 4 = 16).

d) Interpretação da figura final:

Constata-se que: a soma dos quadradinhos dos lados menores ou catetos é igual ao total de quadradinhos do lado maior ou hipotenusa (9 + 16 = 25). Ou seja: comprova-se o "Teorema de Pitágoras".

Observa-se que, com essa demonstração, confirma-se que a área de um quadrado é igual ao produto dos lados ou o lado elevado ao quadrado. A área de um retângulo é igual ao produto dos seus lados.

2.5.5.4) Trace uma linha base horizontal AB, de comprimento 5 cm. Pela extremidade esquerda A, utilizando o par de esquadros, trace um ângulo de 60º, para cima e para a direita. Pela extremidade B, trace um ângulo de 60º, para cima e para a esquerda. O que acontece, quando os lados dos ângulos traçados se cruzam no ponto C? Verifique se o terceiro ângulo (Xº), formado pelo cruzamento dos outros dois coincide com algum dos ângulos dos esquadros, ou seja, se mede: 30º ou 45º ou 60º ou 90º. Verifique o comprimento de cada um dos três lados da figura formada.

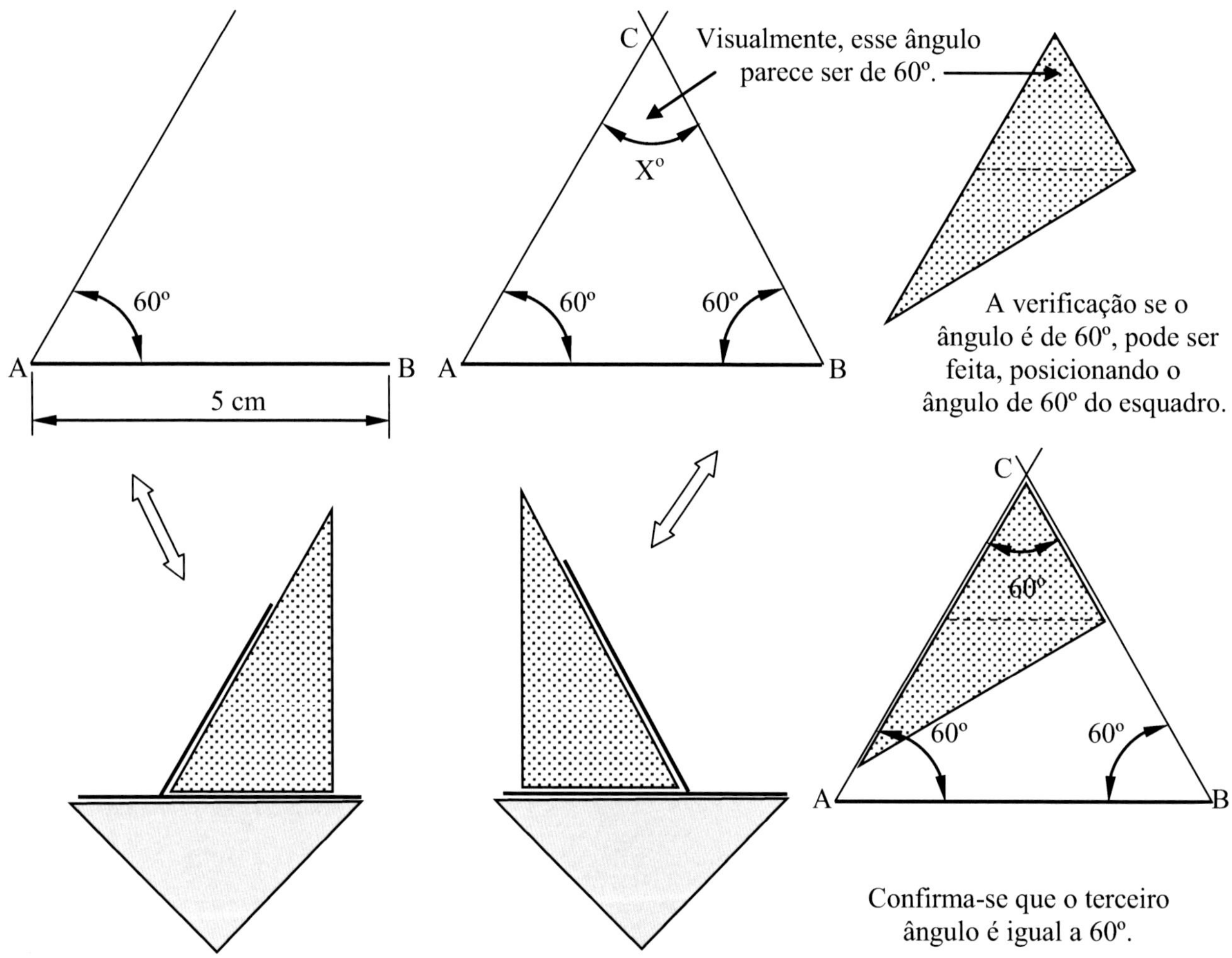

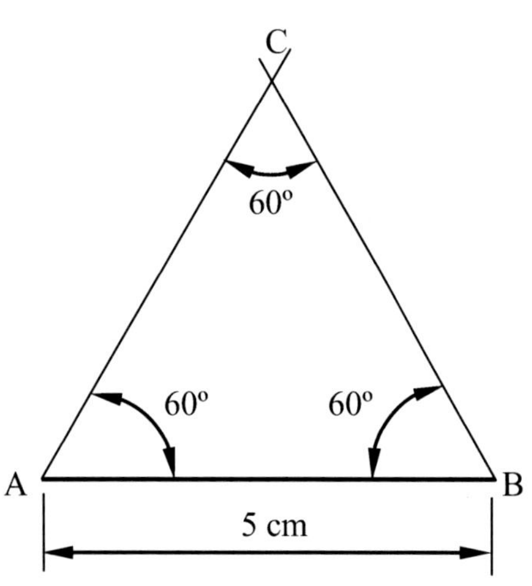

Medindo os lados AC e BC, encontra-se 5 cm, ou seja, os três lados têm a mesma medida.

Segundo a Geometria, o triângulo que tem os três lados de mesmo comprimento, é chamado de triângulo equilátero. Essa palavra é de origem grega, onde *equi* significa igual e *latero* significa lado.

A Geometria, conforme a Lei Angular de Tales*, mostra que a soma dos ângulos internos de um triângulo é igual a 180º. De fato, o terceiro tem que ser igual a 60º, já que a soma dos outros dois é igual a 120º (60º + 60º = 120º).

*Tales de Mileto (624 - 546 a.C.), foi um filósofo, matemático, engenheiro, homem de negócios e astrônomo da Grécia Antiga, considerado, por alguns, o primeiro filósofo ocidental. De ascendência fenícia, nasceu em Mileto, antiga colônia grega, na Ásia Menor, atual Turquia. Tales é apontado como um dos sete sábios da Grécia Antiga.

A Lei Angular de Tales é a seguir mostrada, usando-se o conceito de ângulos alternos internos, em um triângulo qualquer ABC, com ângulos α, ß e γ.

1) O triângulo ABC

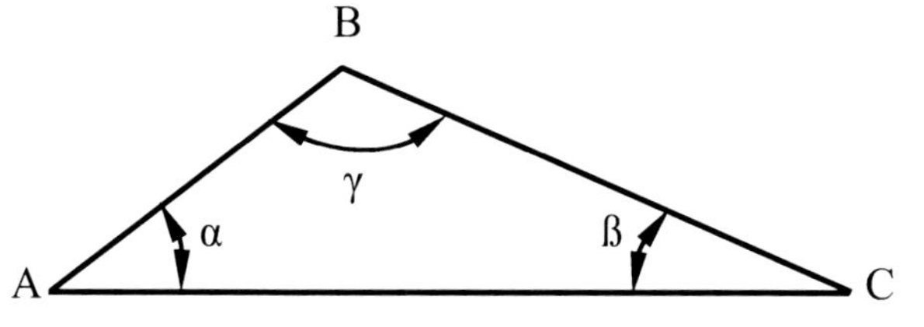

2) Traça-se uma paralela r ao lado AC, passando por B:

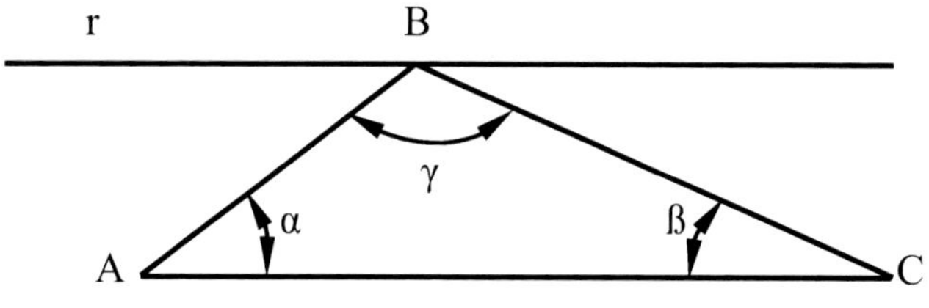

3) Observa-se que existem duas retas paralelas r e s, cortadas por duas retas inclinadas, AB à direita e BC à esquerda, com ângulos alternos internos, ou seja:

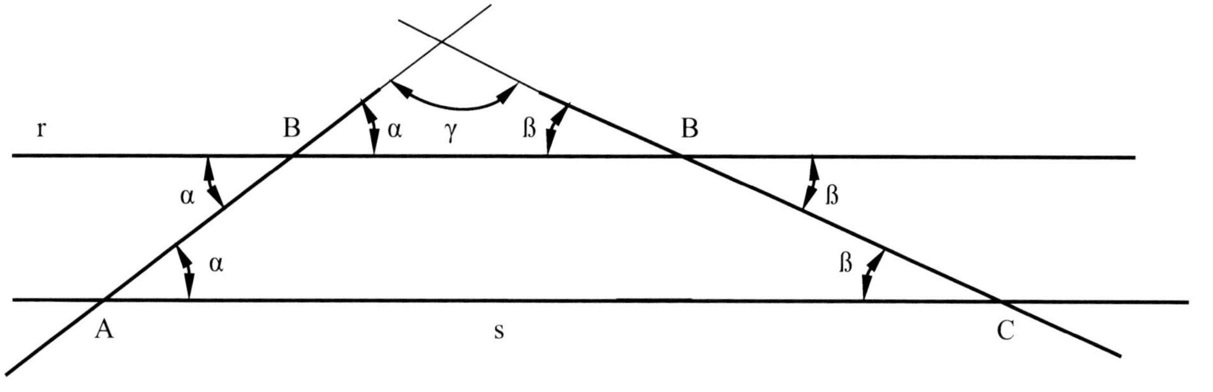

4) Considerando a reta r e os ângulos α, ß e γ, observa-se a seguinte característica:

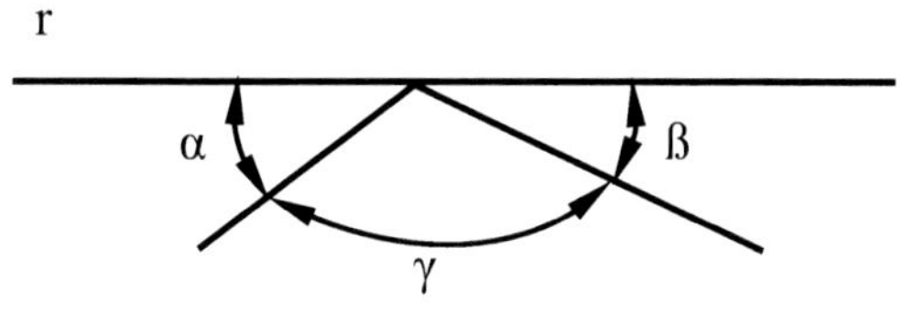

Nessa figura confirma-se que: α + ß + γ = 180º.

Ou seja: confirma-se a Lei Angular de Tales.

2.5.5.5) Sabendo que triângulo equilátero é o que tem três lados iguais e três ângulos internos de 60º, pede-se: a) Desenhe um triângulo equilátero de lado 3 cm e b) Desenhe outros quatro triângulos equiláteros semelhantes, de forma que seus lados sejam paralelos ao triângulo de lado 3 cm e que cada lado, sucessivamente, esteja a uma distância de meio centímetro (0,5 cm) do triângulo anterior. Ou seja, ao final serão cinco triângulos paralelos e com lados crescentes de dentro para fora.

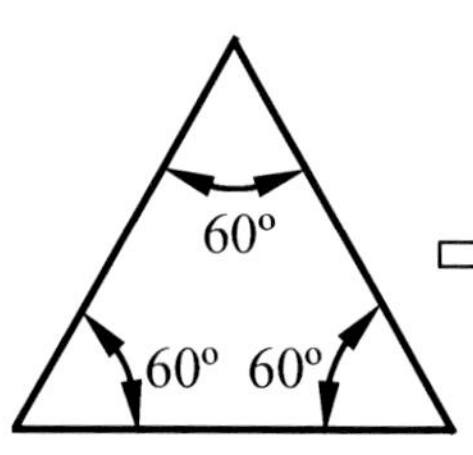

Triângulo original com lado de 3 cm, desenhado como no exercício 2.5.5.4.

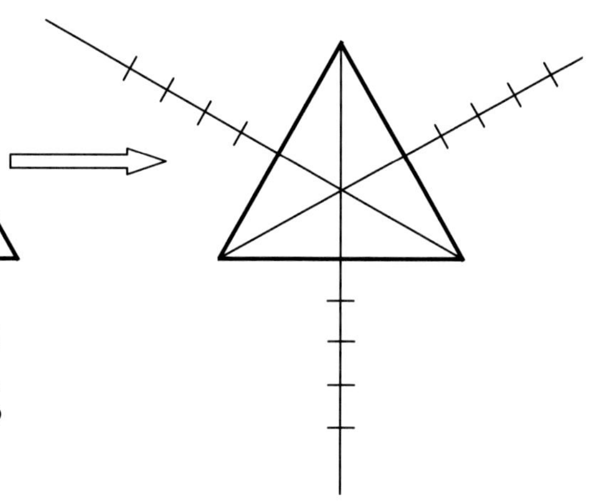

Raciocínio lógico geométrico:

Para se traçar retas paralelas, como visto no parágrafo 2.4, traçam-se retas perpendiculares à reta base e sobre essa reta perpendicular marcam-se as distâncias (com a régua graduada) pedidas entre as paralelas.
Nesse exercício, inicialmente, foram traçadas retas perpendiculares a cada lado do triângulo, marcando-se as distâncias de 0,5 cm, como pede o enunciado. Na sequência, serão traçadas as paralelas, uma a uma, fechando os sucessivos triângulos.

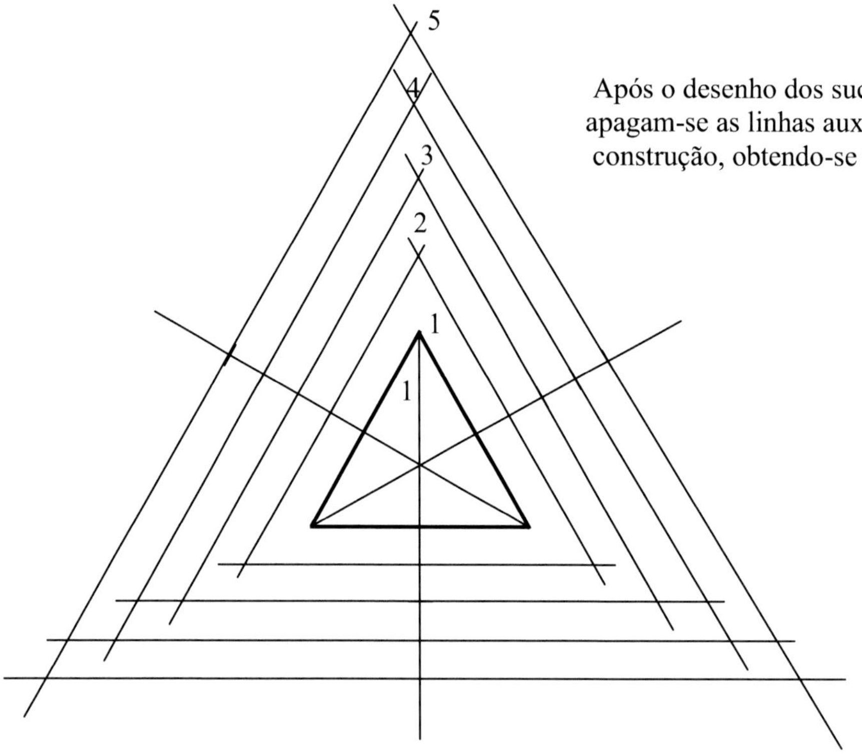

Após o desenho dos sucessivos triângulos, apagam-se as linhas auxiliares ou linhas de construção, obtendo-se uma bela imagem.

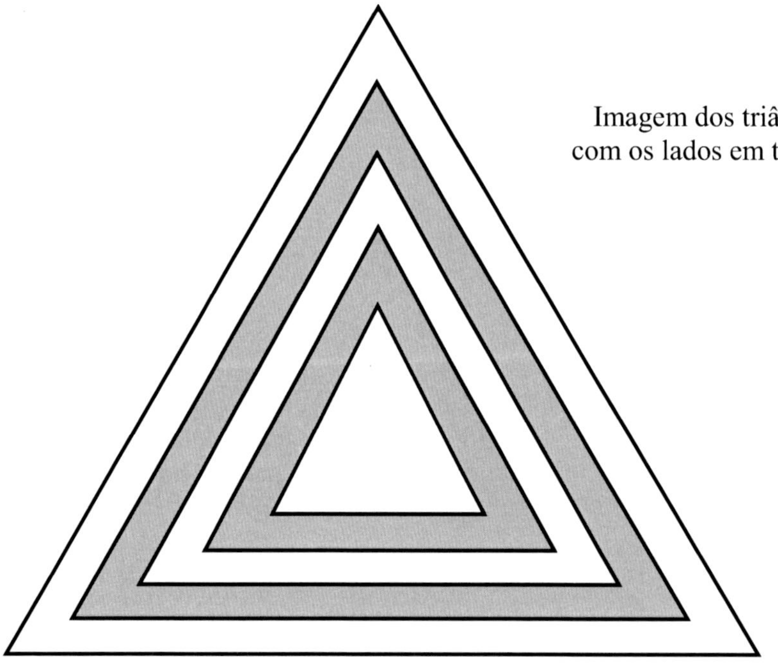

Imagem dos triângulos paralelos com os lados em traços mais grossos.

No parágrafo 2.7, mostra-se como essa imagem de vários triângulos semelhantes, pode se transformar em Arte Geométrica colorida.

2.6 Exercícios propostos sobre retas e ângulos

O objetivo dos exercícios a seguir é que sejam resolvidos em sala de aula, com o professor explicando todo o raciocínio lógico geométrico, os conceitos e o passo a passo.

2.6.1) Considerando o conceito do exercício 2.5.5.5 (triângulos paralelos), e a figura a seguir, desenhe outros seis quadrados paralelos ao original, para fora e com distância de meio centímetro (0,5 cm) entre cada quadrado. O quadrado original a seguir, tem lado igual a 2 cm. Observa-se que, como o quadrado está girado de 45º, alunos podem "confundir" com outro quadrilátero, o losango que tem quatro lados iguais, mas ângulos internos diferentes e iguais, dois a dois. O quadrado tem os quatro lados iguais e também quatro ângulos iguais de 90º.

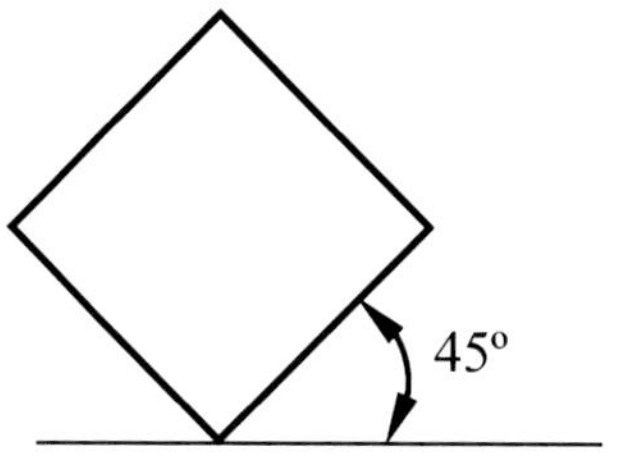

Quadrado original, com lado igual a 2 cm e com uma rotação ou giro de 45º.

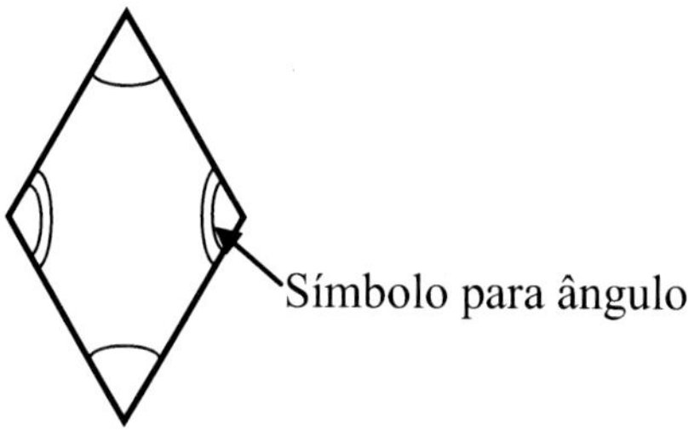

Imagem de um losango com os ângulos iguais dois a dois.

2.6.2) A partir de um retângulo de lados 4 cm de comprimento ou base e 3 cm de altura, bem como considerando os conceitos do Teorema de Pitágoras, vistos no exercício 2.5.5.3, mostre graficamente que a área de um triângulo é definida como: Base x Altura/2, ou seja: a área de um triângulo é igual ao produto da base pela altura, dividido por dois.

2.6.3) Considerando o conceito da determinação da bissetriz de um ângulo (como visto no parágrafo 2.5.2), utilizando o compasso, desenhe a divisão do ângulo a seguir, indicando o ponto equidistante (ou de mesma distância) de 1 cm aos lados.

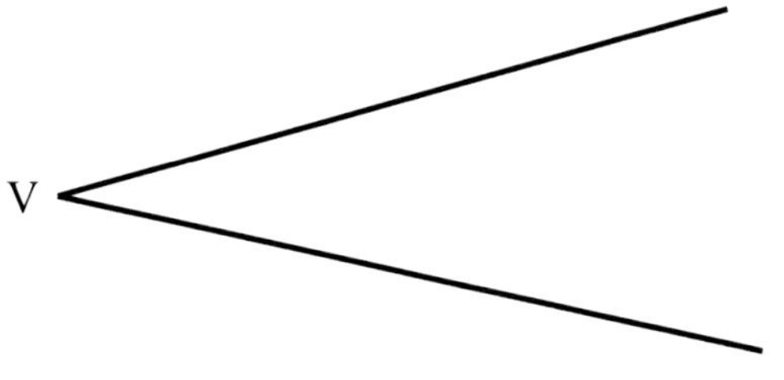

2.6.4) Considerando o triângulo a seguir, trace as bissetrizes dos três ângulos, determinando o ponto I onde elas se interceptam.

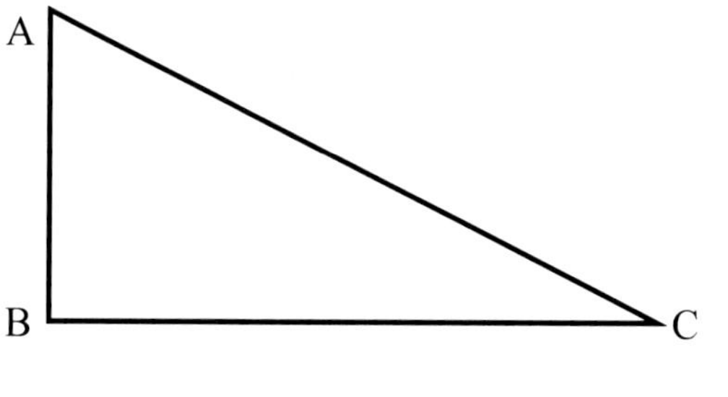

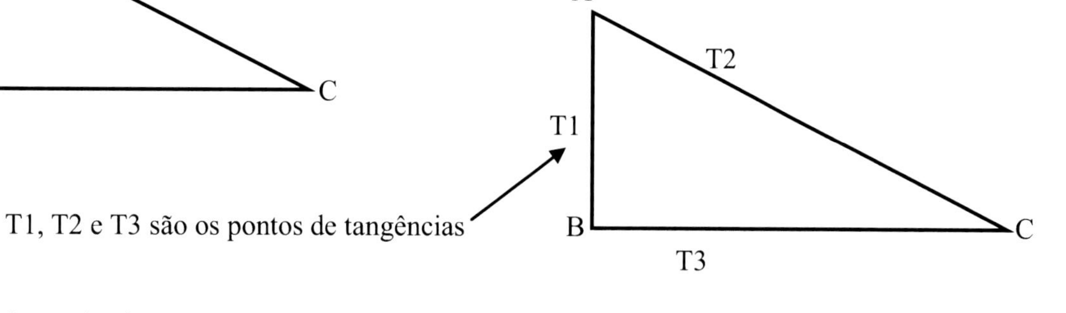

2.6.5) Uma vez determinado o ponto I, do exercício 2.6.4, desenhe a circunferência interna ao triângulo e que toca cada lado em apenas um ponto (conceito de tangente).

2.7 Criando Arte com ângulos e retas

A partir do desenho de triângulos, união de retas e ângulos, é possível a criação de verdadeiras obras de Arte, dentro do conceito da Arte Geométrica, como descrita em detalhes no capítulo 7 desse livro. A seguir são mostrados alguns exemplos.

Capítulo 3
Os triângulos

3.1 Definição de triângulo

Triângulo (três ângulos) ou trilátero (três lados) é a região plana interna delimitada pela interseção de três retas, não coincidentes, não paralelas e não perpendiculares entre si. Observe o triângulo ABC, a seguir.
Na prática, em geral, só se desenha a região interna dos triângulos, desta forma:

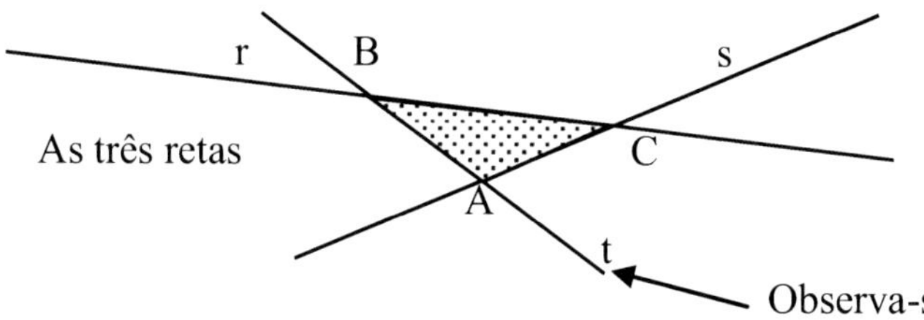

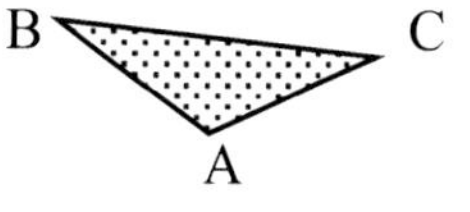

A região plana interna configura um triângulo.

Observa-se que os lados são segmentos de retas infinitas.

As três retas originárias: r, s, t

3.2 Classificação dos triângulos

Triângulos são classificados segundo os ângulos e segundo os lados.

Quanto aos ângulos
- Acutângulo → os três ângulos são agudos (menores que 90º)
- Retângulo → um ângulo é reto (os outros dois são agudos)
- Obtusângulo → um ângulo é obtuso (os outros dois são agudos)

Quanto aos lados
- Equilátero → os três lados têm a mesma dimensão
- Isósceles → dois lados têm a mesma dimensão
- Escaleno → os três lados têm dimensões diferentes.

Classicamente, os triângulos são representados da seguinte forma:

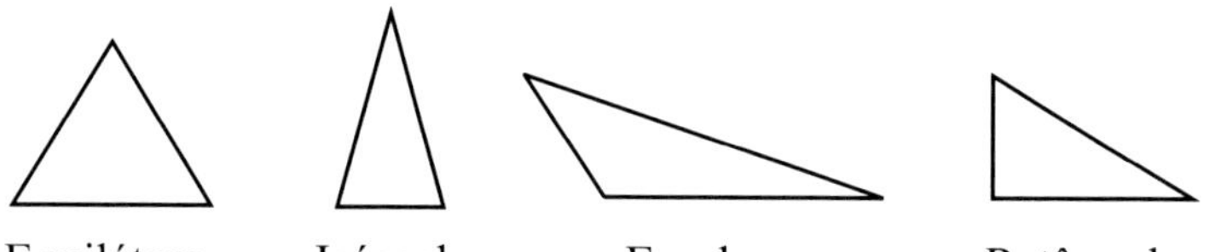

Equilátero Isósceles Escaleno Retângulo

Observa-se, como será visto adiante, que em muitos casos os triângulos se apresentam em outras posições.

3.3 Lei angular de Tales: a soma dos três ângulos internos de um triângulo é igual a 180º

Segundo Tales de Mileto (624 - 546 a.C.), a soma dos ângulos internos de um triângulo é igual a 180º. Essa lei pode ser mostrada, usando-se o conceito de ângulos alternos internos.

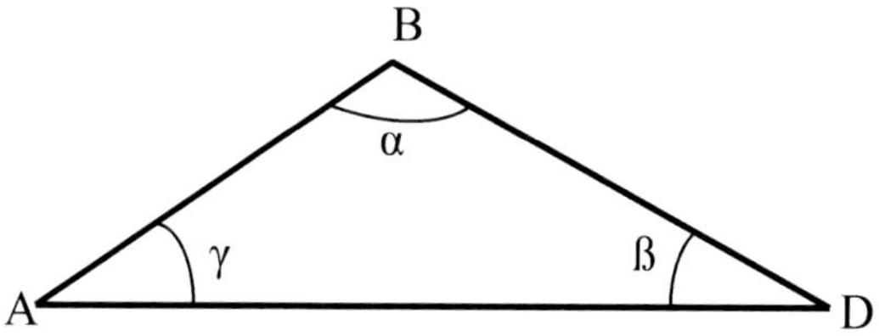

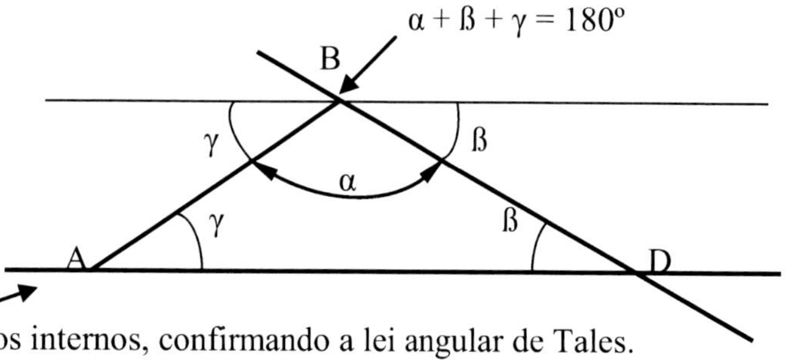

Nessa figura, configuram-se os ângulos alternos internos, confirmando a lei angular de Tales.

Exercício resolvido: determinar os valores dos ângulos do triângulo ABD, a seguir.

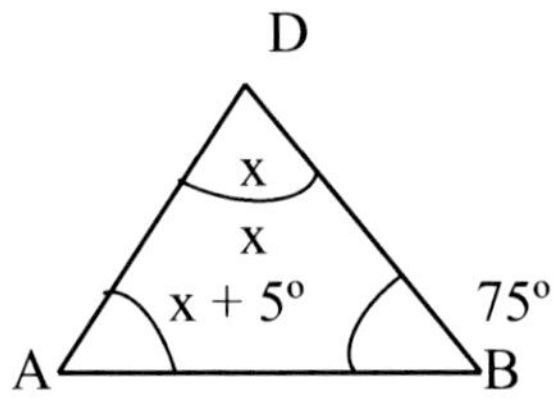

Pela lei angular de Tales: x + (x + 5º) + 75º = 180º, ou seja:

2x = 180º - 80º => 2x = 100º => x = 50º.

Conclusão: os ângulos são: $\widehat{A}$ = 55º, $\widehat{B}$ = 75º e $\widehat{D}$ = 50º.

3.4 Congruência e semelhança de triângulos

O termo congruência, quando utilizado em Geometria, significa igualdade. Dois triângulos congruentes são dois triângulos iguais, ou seja, com mesmo valor ou medida de lados e ângulos, embora possam estar em posições diferentes. As figuras a seguir mostram quatro triângulos retângulos, cujos lados e ângulos têm as mesmas medidas. Ou seja, são triângulos iguais ou congruentes, porém em posições diferentes.

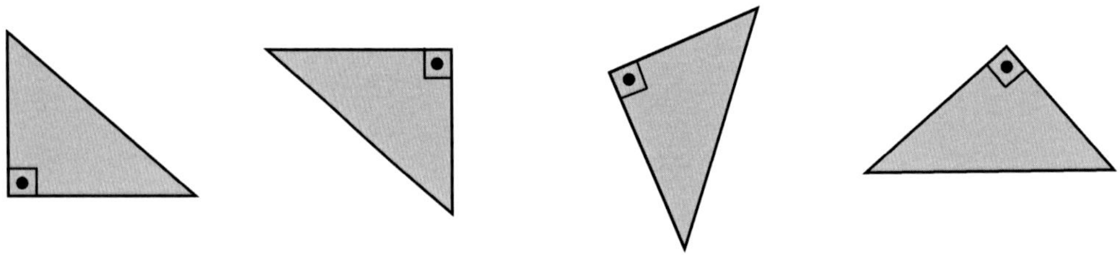

3.4.1 Leis de congruência

Dois triângulos são congruentes se, e somente se, as medidas de seus lados e ângulos correspondentes são iguais. Para confirmar a congruência de dois triângulos, apenas três medidas precisam ser verificadas (dois lados e um ângulo ou dois ângulos e um lado). Ou seja, não é necessário confirmar que os três lados e os três ângulos são iguais. São quatro os casos que confirmam a congruência entre dois triângulos.

1º - Se os três lados de um triângulo têm a mesma medida dos três lados (LLL) de outro triângulo então, esses dois triângulos são congruentes.

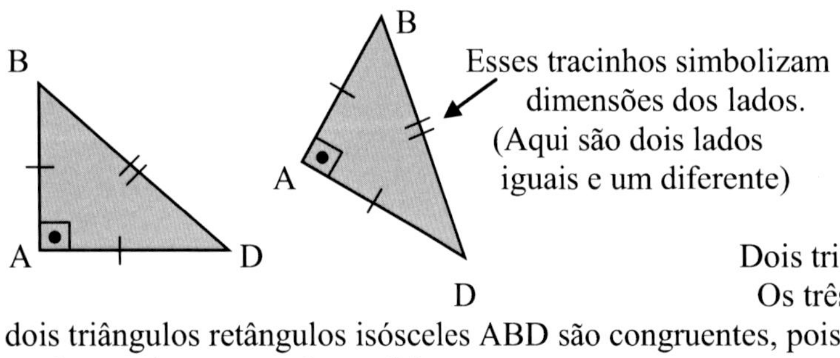

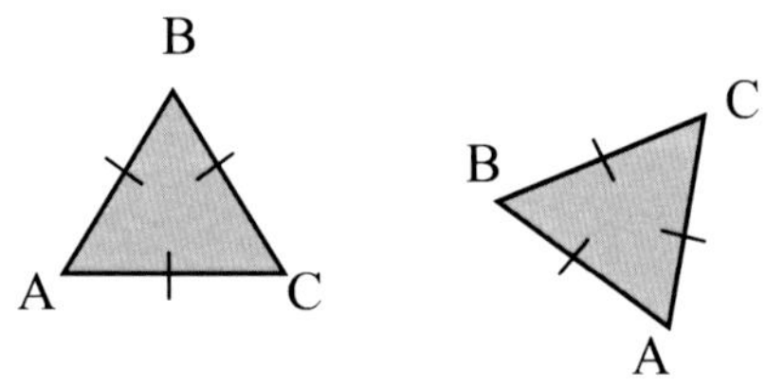

Dois triângulos ABC equiláteros e congruentes.
Os três lados, dos dois triângulos são iguais.

Os dois triângulos retângulos isósceles ABD são congruentes, pois os lados têm dimensões iguais, embora os triângulos estejam em posições diferentes.

2º - Se dois triângulos ABD e JKM possuem um lado (L), um ângulo (A) e o outro lado (L) com medidas iguais, então ABD é congruente a JKL. Observa-se que essa ordem LAL deve ser respeitada. Triângulos que possuem dois lados (LL) e um ângulo (A) com medidas iguais, nem sempre são congruentes, já que o ângulo (A) deve estar entre os dois lados ou simbolicamente LAL.

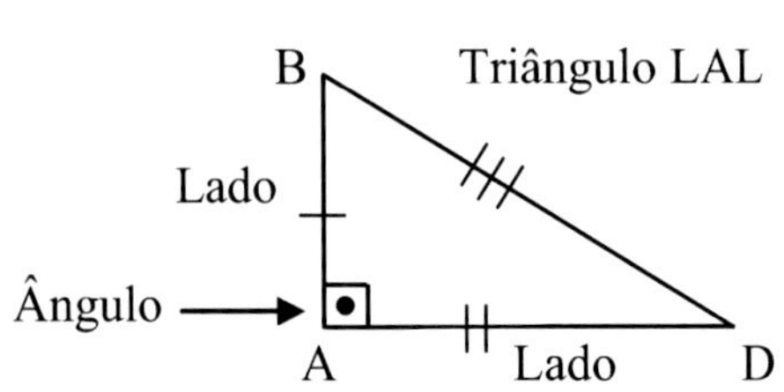

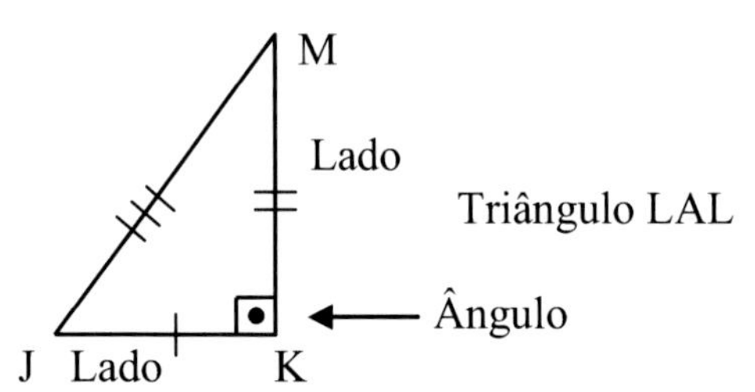

3º - Quando dois triângulos possuem um ângulo (A), um lado (L) e um ângulo (A) com medidas iguais, então os triângulos são congruentes. Observa-se que essa ordem ALA deve ser respeitada, ou seja, o lado tem que estar entre os ângulos.

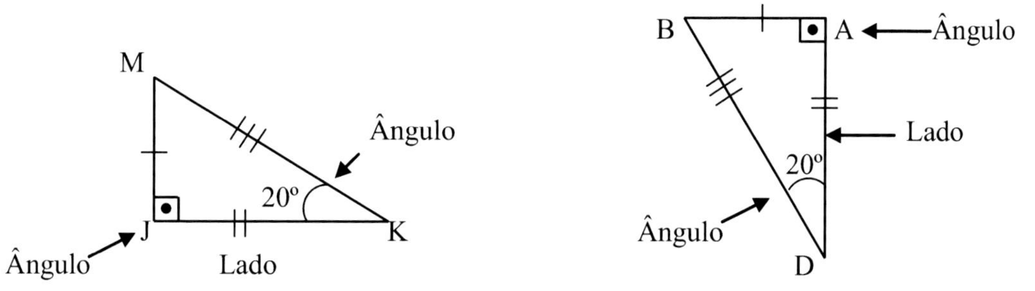

4º - Quando dois triângulos possuem um lado (L), um ângulo adjacente (A) a esse lado e um ângulo oposto (Ao) ao adjacente ao lado, então esses dois triângulos são congruentes. Observa-se que, essa ordem deve ser respeitada, pois, caso o segundo ângulo analisado, não for oposto ao considerado, não se pode afirmar que existe congruência, devendo ser feita uma análise mais detalhada.

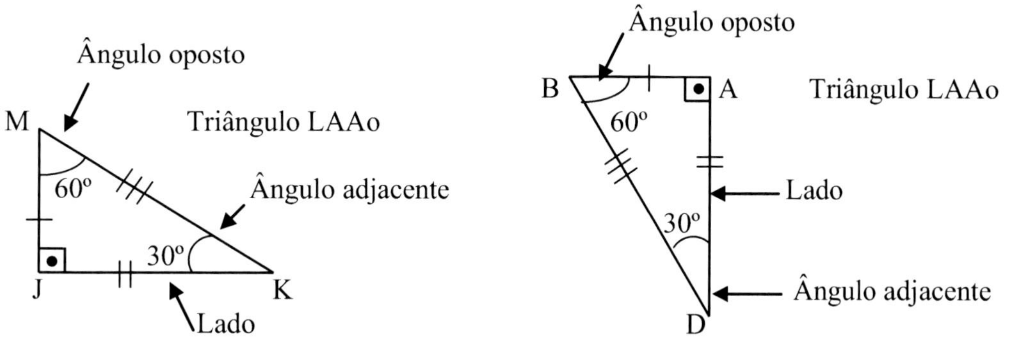

3.4.2 Semelhança

Dois polígonos, incluindo os triângulos, são semelhantes quando existe proporcionalidade entre seus lados e seus ângulos correspondentes são todos iguais. Proporcionalidade significa que, se dividirmos a medida de um lado da primeira figura pelo valor de um lado da segunda figura e o resultado for, por exemplo, o número dois, então todas as divisões entre medidas de lados da primeira figura por medidas dos lados da segunda figura terão 2 como resultado. Vejam-se os exemplos a seguir.

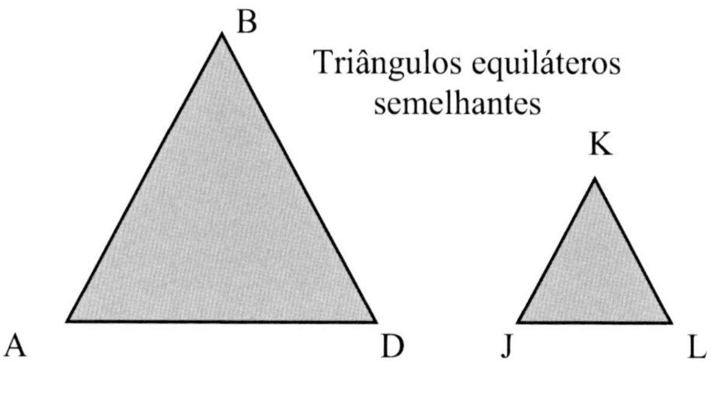

Triângulos retângulos semelhantes

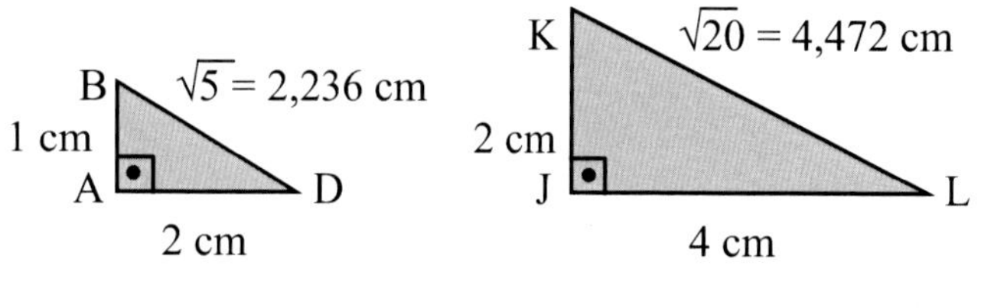

Esses dois triângulos retângulos semelhantes também têm razão de semelhança igual a dois

A semelhança entre triângulos também pode ser verificada, com as seguintes análises:

1ª – Dois triângulos são semelhantes se têm dois ângulos correspondentes iguais. Por óbvio, o terceiro ângulo é igual, já que a soma dos três é igual a 180º.

2ª – Se dois triângulos têm os três lados proporcionais (ou seja, na mesma razão), então são semelhantes, não precisando verificar os ângulos.

3ª – Dois triângulos que possuem dois lados proporcionais e o ângulo entre eles é congruente (igual), então esses triângulos são semelhantes.

Dois triângulos também podem ser semelhantes, mesmo estando em posições diferentes: ⇨

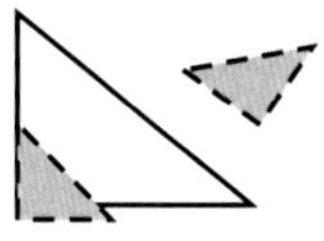

Exercício 3.4.2.1) Sabendo que os triângulos a seguir são semelhantes (pois têm os mesmos valores dos ângulos), determinar o valor do lado DE.

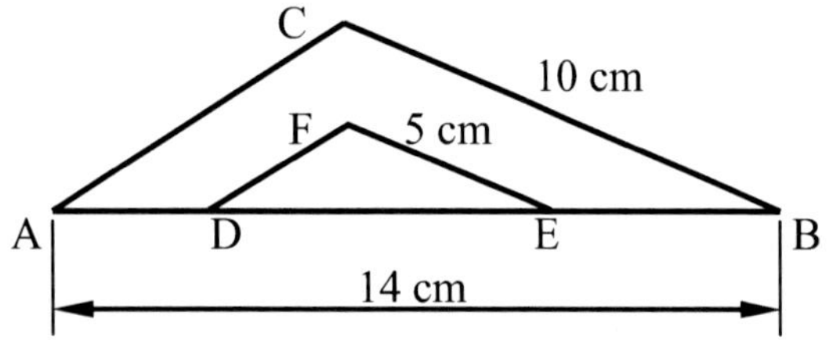

$\frac{BC}{EF} = \frac{10\ cm}{5\ cm} = 2$ ← Essa é a razão de semelhança.

Portanto: $\frac{AB}{DE} = 2 \Rightarrow DE = \frac{AB}{2} = \frac{14\ cm}{2} = 7\ cm.$

A determinação exata dos valores dos três ângulos e lados destes triângulos, é feita por análises trigonométricas, estudadas no volume 4, desta coleção de livros "Desenho Geométrico e Geometria".

Conclusão: o lado DE mede 7 cm.

3.5 Desenhando triângulos

Triângulos podem ser desenhados de duas formas: quando são conhecidos apenas os valores dos lados ou quando são conhecidos dois ângulos e, pelo menos, o valor de um dos lados. Dependendo dos valores dos ângulos, para os ângulos podem ser utilizados ou o par de esquadros ou o transferidor.

3.5.1 Quando se conhece os valores de dois ângulos e, pelo menos, o valor de um dos lados

Quando se conhece o valor de dois ângulos, o terceiro ângulo é uma consequência, uma vez que, segundo a Lei Angular de Tales: "A soma dos ângulos internos de um triângulo é igual a 180º.

Exercício resolvido: desenhar um triângulo ABC, conhecendo-se o lado AB de medida 4 cm, ângulo do vértice A igual a 60º e ângulo do vértice B igual a 45º. Qual o valor do ângulo do vértice C? (Os ângulos podem ser traçados ou usando o par de esquadros ou o transferidor).

1º Traço ângulo de 60º, no vértice A   2º Traço ângulo de 45º no vértice B   3º Completo o triângulo (apagando o excesso)

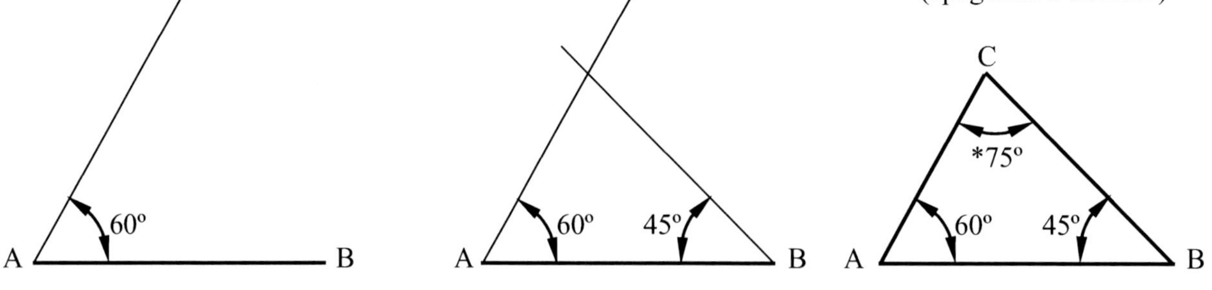

*O ângulo C é igual a 75º, pois segundo a Lei Angular de Tales, a soma dos ângulos internos de um triângulo é igual a 180º, ou seja: 60º + 45º + 75º = 180º

3.5.2 Quando são conhecidos os valores dos três lados

Quando se conhece os valores dos três lados, o desenho do triângulo é feito com o auxílio do compasso, como mostrado no exercício a seguir.

Exercício resolvido: desenhar um triângulo ABC, com a base AB horizontal, sabendo que os lados medem: AB igual a 4 cm; AC igual a 5 cm e BC igual a 3 cm.

Raciocínio lógico geométrico: 1º traço o lado AB horizontal de comprimento 4 cm; 2º com a ponta seca do compasso centrada no vértice A, abro o compasso com 5 cm e traço um arco (o lado AC estará sobre esse arco), passando perto do vértice B; 3º com a ponta seca centrada no vértice B, abro o compasso com 3 cm e traço um arco, passando perto do lado AB (o lado BC estará sobre esse arco). Onde o arco de 3 cm de raio, intercepta o arco de 5 cm, tem-se o vértice C 4º traço o lado BC e 5º termino o triângulo apagando os excessos.

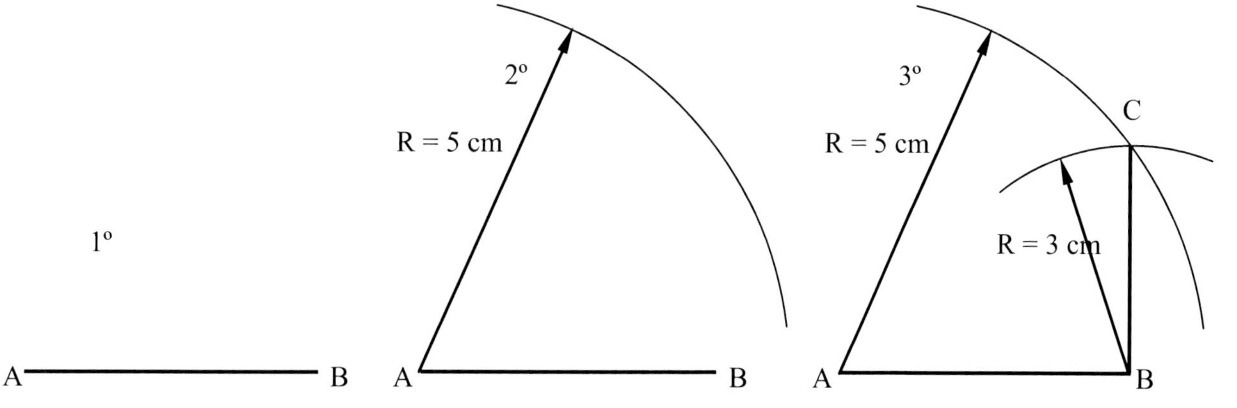

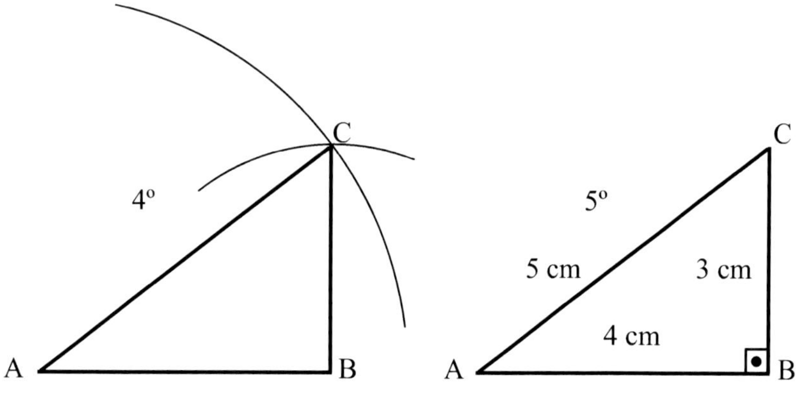

Observa-se que esse triângulo é o tipo pitagórico, ou seja, retângulo, como visto no capítulo 2.

3.6 As três alturas de um triângulo e o seu ortocentro

Em um triângulo, de qualquer tipo, altura é a distância entre um lado e o vértice oposto. Ou seja, usa o conceito da distância entre um ponto e um segmento de reta. Observa-se que, para determinar a distância entre um ponto e um segmento de reta, traça-se uma perpendicular ao segmento passando pelo ponto. A distância é a medida sobre a perpendicular, entre o ponto considerado e o outro ponto, onde a perpendicular intercepta o segmento de reta. Como todo triângulo tem três lados e três vértices, logo, todo triângulo, de qualquer tipo e em qualquer posição, tem três alturas. No capítulo 2, parágrafo 2.2, foi visto como traçar a distância de um ponto a uma reta.

Como será mostrado a seguir, dependendo do tipo de triângulo, em especial nos obtusângulos, a determinação da altura, exige o prolongamento do(s) lado(s), retornando-se à definição de triângulo, como visto no parágrafo 3.1: "triângulo (três ângulos) ou trilátero (três lados) é a região plana interna delimitada pela interseção de três retas, não coincidentes, não paralelas e não perpendiculares entre si".

Dependendo do tipo de triângulo o ortocentro muda de posição, como mostrado a seguir. Como já visto, com relação aos ângulos os triângulos podem ser: retângulo (um ângulo reto), acutângulo (três ângulos agudos) ou obtusângulo (um ângulo obtuso).

Ao encontro das três alturas de um triângulo dá-se o nome de ortocentro, onde o prefixo orto significa perpendicular ou ortogonal. Dependendo do tipo de triângulo, o ortocentro pode ocorrer num vértice, como nos triângulos retângulos, onde o ortocentro coincide com o vértice do ângulo de 90º. Nos triângulos

acutângulos (três ângulos agudos), o ortocentro ocorre no interior da figura. Nos triângulos obtusângulos, o ortocentro situa-se fora da figura do triângulo. As figuras a seguir mostram os três tipos de ortocentros*.
O prefixo "orto", em grego antigo "*orthós*", significa em linha reta.

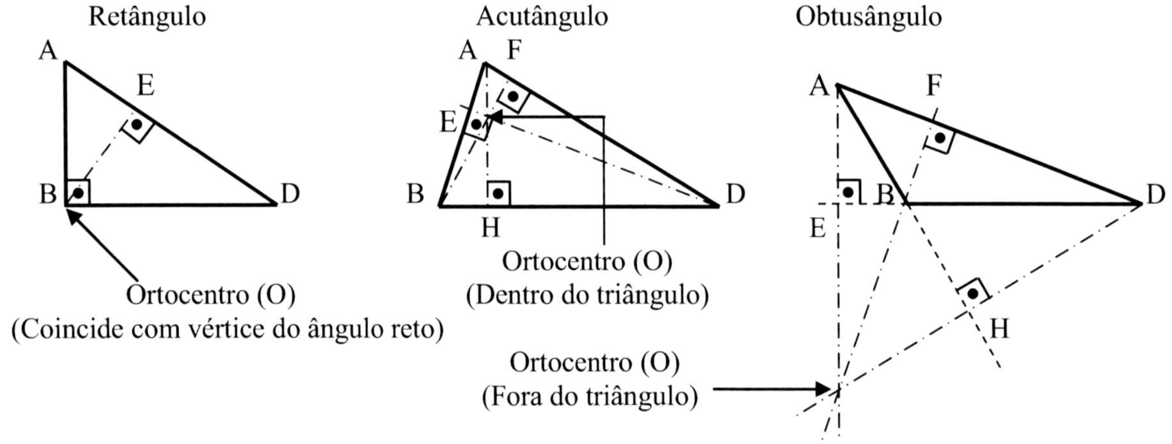

Considerando esses três tipos de triângulos tem-se:

Alturas no triângulo retângulo:
- BD = altura em relação ao lado AB (altura é o cateto BD)
- AB = altura em relação ao lado BD (altura é o cateto AB)
- BE = altura em relação ao lado AD (AD é a hipotenusa)

Alturas no triângulo acutângulo:
- DE = altura em relação ao lado AB
- AH = altura em relação ao lado BD
- BF = altura em relação ao lado AD

Alturas no triângulo obtusângulo:
- DH = altura em relação ao lado AB (com prolongamento do lado AB)
- BF = altura em relação ao lado AD
- AE = altura em relação ao lado BD (com prolongamento do lado BD)

Exercício resolvido: considerando o segmento de reta AB, a seguir mostrado, desenhar um triângulo ABC, sabendo que os lados medem: AB igual a 5 cm; AC igual a 7 cm e BC igual a 3 cm. Determinar a localização do ortocentro do triângulo.

Inicialmente desenha-se o triângulo, como visto em 3.5.2.

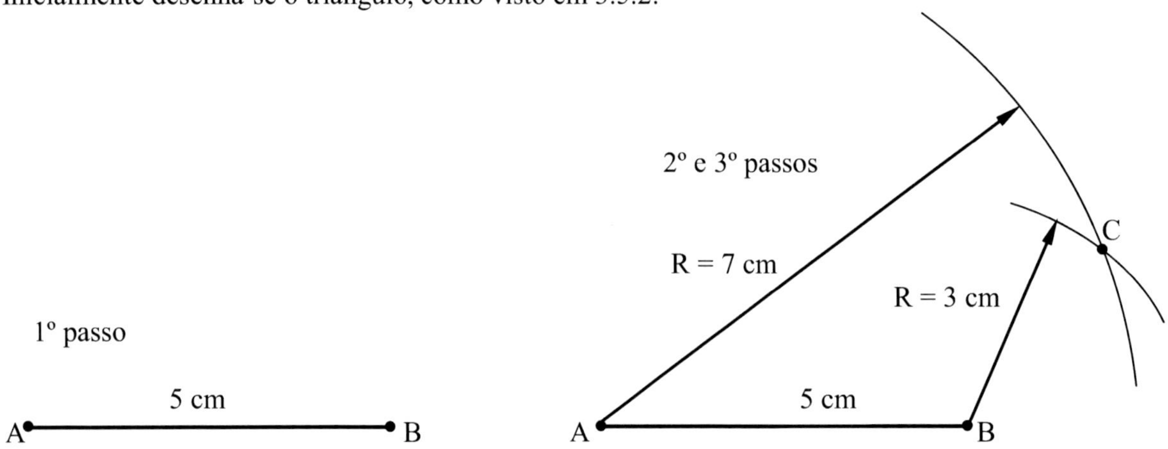

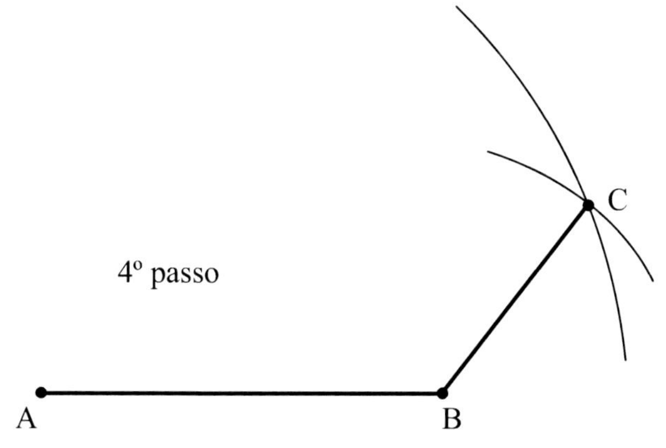

Observa-se que é um triângulo escaleno e obtusângulo, portanto, o ortocentro estará na parte de fora do triângulo.

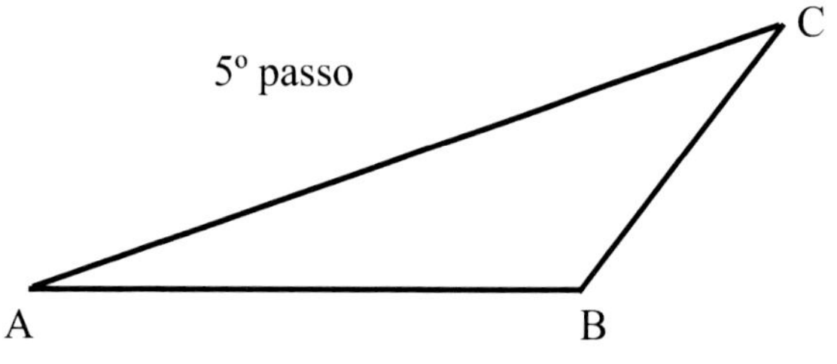

Determinação do ortocentro, com o traçado e prolongamento da altura, referente a cada lado.

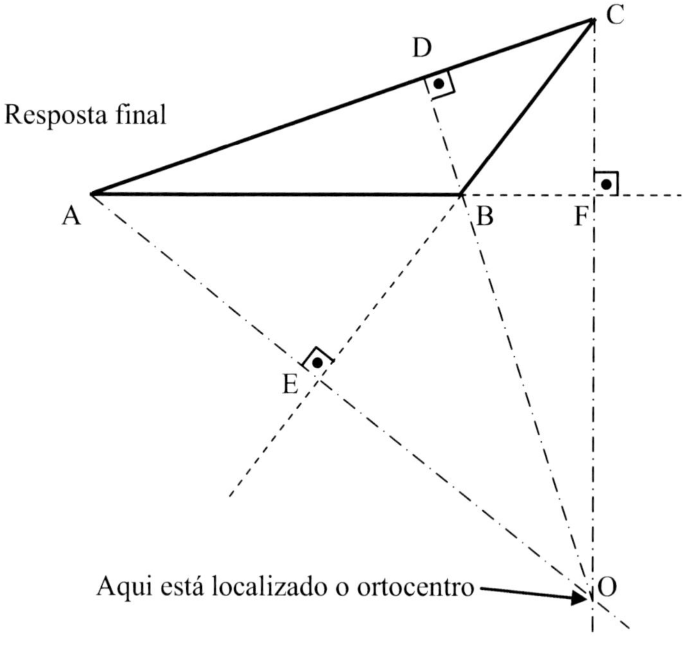

CF = altura em relação ao lado AB.
DB = altura em relação ao lado AC.
AE = altura em relação ao lado BC.

O cálculo exato das dimensões das alturas CF, DB e AE, bem com das distâncias do ortocentro aos vértices A, B e C, é possível usando a trigonometria nos triângulos, bem como *softwares* , como por exemplo, o GeoGebra.
Também é possível determinar as alturas e a exata localização do ortocentro, com cálculos de equações de retas e distâncias entre pontos e pontos e retas, com análises pela Geometria Analítica, estudadas no nível superior de ensino.

3.7 Exercícios complementares resolvidos

3.7.1) Dado o triângulo retângulo a seguir, determine graficamente suas alturas, bem como a posição do seu ortocentro.

Pela definição de altura e como os lados AB e AC são perpendiculares entre si. AB, AC e AD são alturas e o ortocentro está no ponto A.

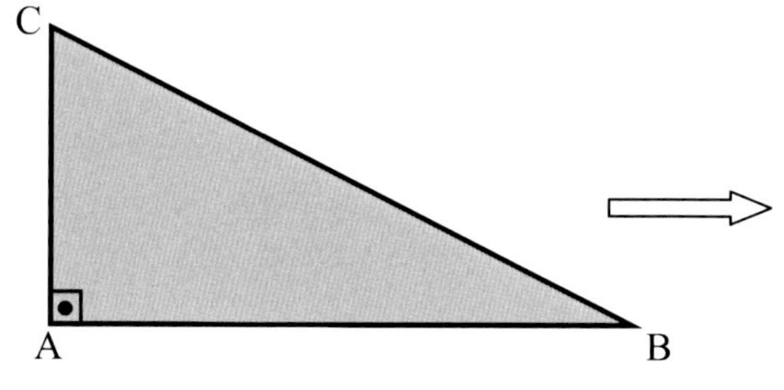

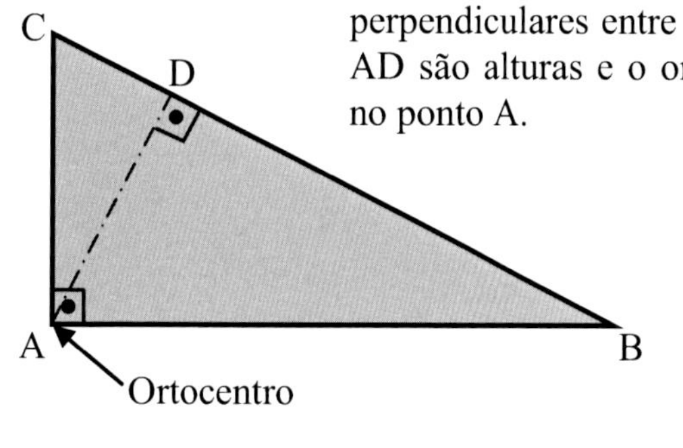

Observa-se que o cálculo analítico exato do valor de uma altura, em um triângulo, pode ser feito por análises trigonométricas, normalmente estudadas no 1º ano do Ensino Médio ou até no 9º ano do Ensino Fundamental.

3.7.2) Dado o retângulo a seguir, mostre que a área* de qualquer triângulo é igual ao produto do lado maior do retângulo (ou base do triângulo) pelo lado menor (ou altura do triângulo), dividido por dois.
*Observação: a área de um triângulo, qualquer que seja, é "deduzida" a partir da área de um retângulo, como a seguir mostrada. A área do retângulo ABCD é igual ao produto de AB (que é igual a CD) por AD (que é igual a BC). Quando se traça o segmento BD (igual a AC), chamado diagonal, divide-se o retângulo em duas partes iguais, ou seja, a área de um triângulo é igual ao produto de um lado, pela sua altura correspondente.

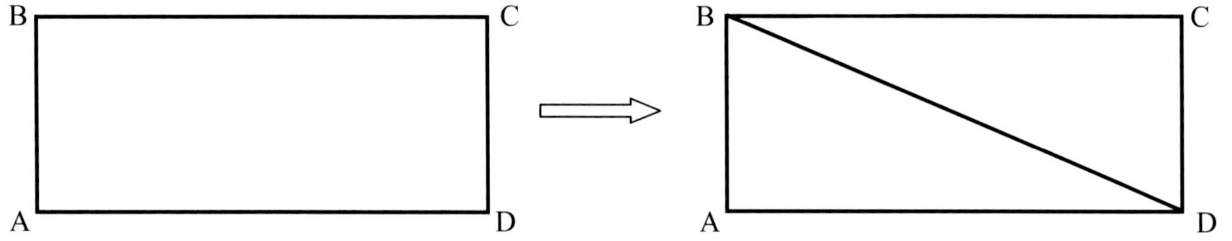

Traçando-se a linha diagonal BD, divide-se o retângulo em dois triângulos retângulos iguais ABD e CDB, onde AB e CD são as alturas dos triângulos. Como a área do retângulo é igual ao produto do lado maior AB ou BC, pelo lado menor AB ou CD, pode-se afirmar que a área de cada triângulo é igual ao produto de sua base (AD ou CB) pela altura (AB ou CD), dividido por dois.

Nesse caso: S = (AD x AB)/2 ou S = (BC x CD)/2.

Em geral, diz-se da seguinte forma: "A área de um triângulo é igual ao produto de sua base pela sua altura, dividido por dois". Mas, e se o triângulo, não for retângulo e estiver inclinado em relação à horizontal, como a seguir? Como se define sua área?

Neste exemplo, a área S pode ser expressa por:

$S = \frac{AB \times CF}{2}$ ou $S = \frac{BC \times AD}{2}$ ou $S = \frac{AC \times BE}{2}$.

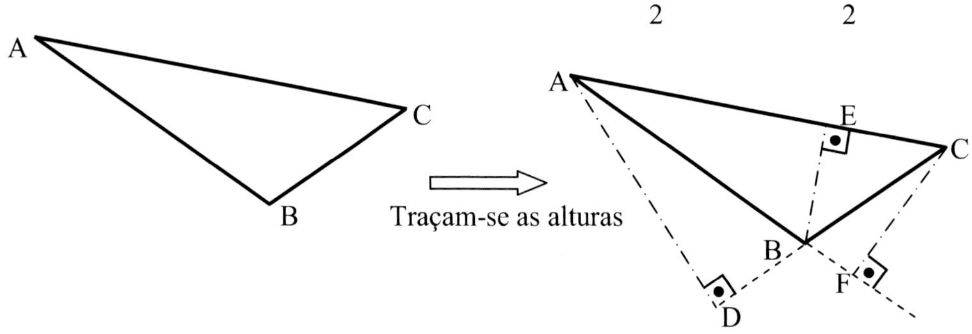

Como todo triângulo, esse também tem três alturas: AD, BE e CF. Como cada altura está relacionada a um lado, pode-se dizer que a área de um triângulo é igual ao produto de uma altura pelo lado a ela relacionada, dividido por dois. Nesse exemplo, o cálculo exato das alturas depende de análises trigonométricas.

3.7.3) Determinar o perímetro do triângulo a seguir, considerando o centímetro como unidade de medida.

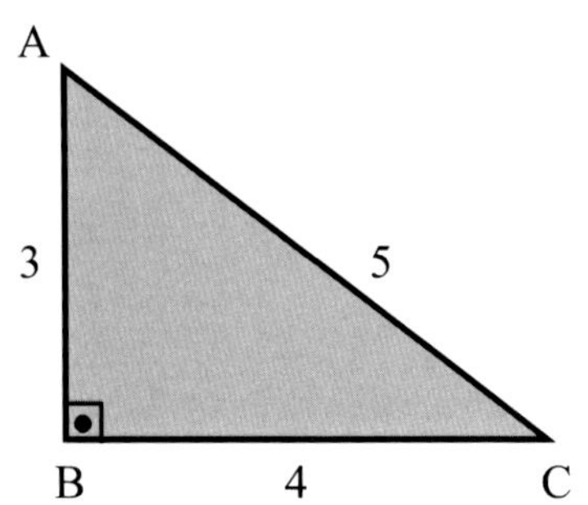

O perímetro de qualquer triângulo, bem como de qualquer figura plana, é igual à soma dos valores dos seus lados. Portanto:

P = AB + BC + AC = 3 cm + 4 cm + 5 cm = 12 cm.

Conclusão: o perímetro é igual a 12 cm.

3.8 Onde triângulos são utilizados na prática, em especial na vida cotidiana

Para além de análises matemáticas, os triângulos têm várias aplicações práticas, dentre as quais na Engenharia Civil e Arquitetura, por exemplo, como sustentação e apoio de telhados, como a seguir mostrado.

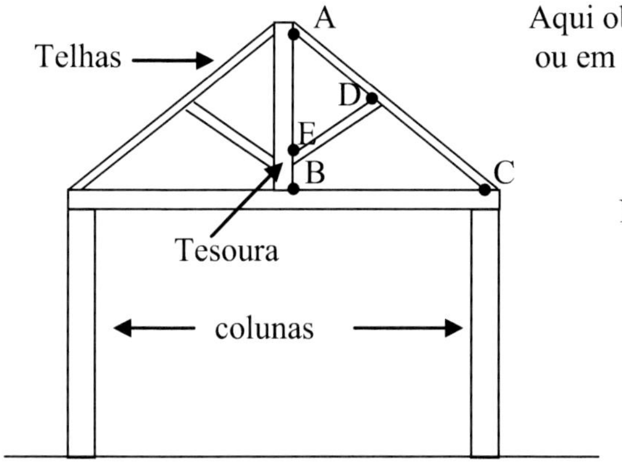

Aqui observam-se os triângulos ABC e ADE, seja em madeira ou em metal, têm que ser calculados nos comprimentos, para poderem ser fabricados e colocados no lugar.

No parágrafo 3.10 são mostrados exemplos de aplicação de triângulos nas Artes plásticas.

Prateleiras, usadas em cozinhas, são exemplos do uso de triângulos.

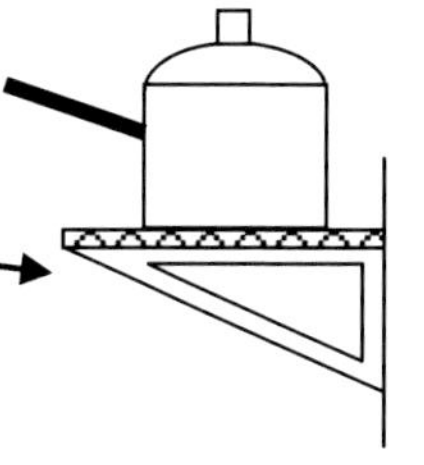

3.9 Exercícios propostos

3.9.1) Desenhe o triângulo a seguir, multiplicando por dois o valor de cada lado. Com o novo triângulo, determine a localização do seu ortocentro. Para dobrar o valor de cada lado utilize o compasso. Observa-se que, o novo triângulo é semelhante ao original.

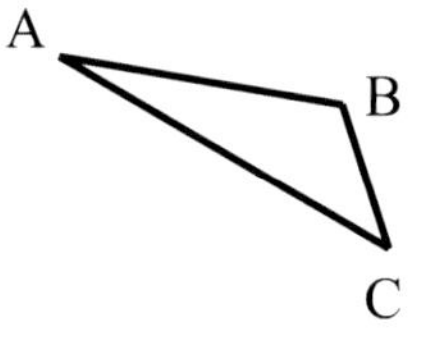

3.9.2) Desenhe um triângulo equilátero de lado igual a 5 cm, na posição a seguir mostrada. Determine as suas três alturas, bem como seu encontro ou o ortocentro. Analise a distância do ortocentro a cada um dos vértices. Qual a conclusão? Qual elemento geométrico é possível desenhar, a partir da determinação do ortocentro de um triângulo equilátero?

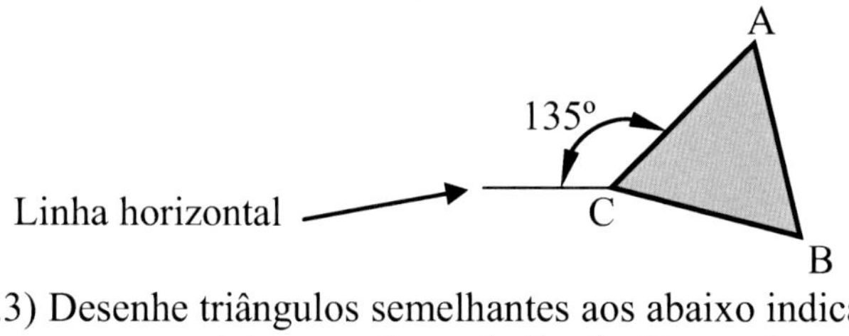

3.9.3) Desenhe triângulos semelhantes aos abaixo indicados, multiplicando seus lados por três e desenhando-os em outras posições, conforme indicado. Determine as novas posições dos vértices.

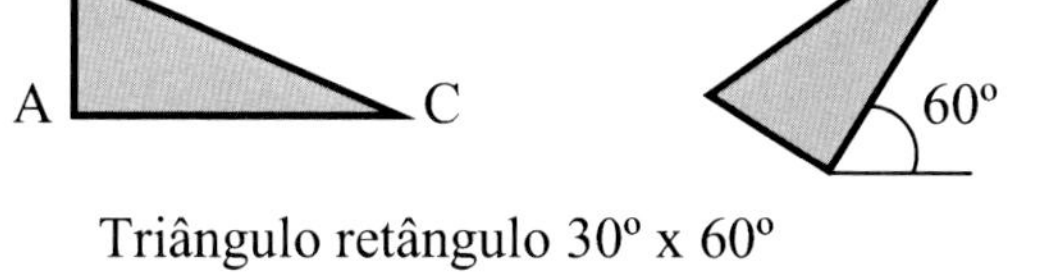

Triângulo retângulo 30º x 60º

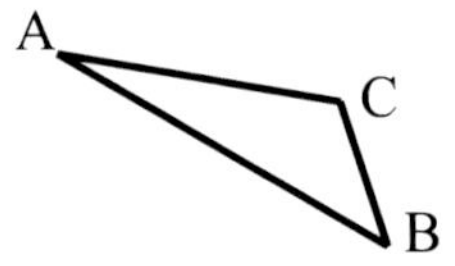

Triângulo escaleno

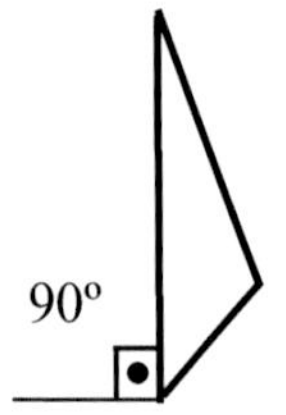

3.9.4) Dado o triângulo a seguir, determinar sua altura em relação ao lado AC, explicando o raciocínio lógico geométrico, usado para a solução.

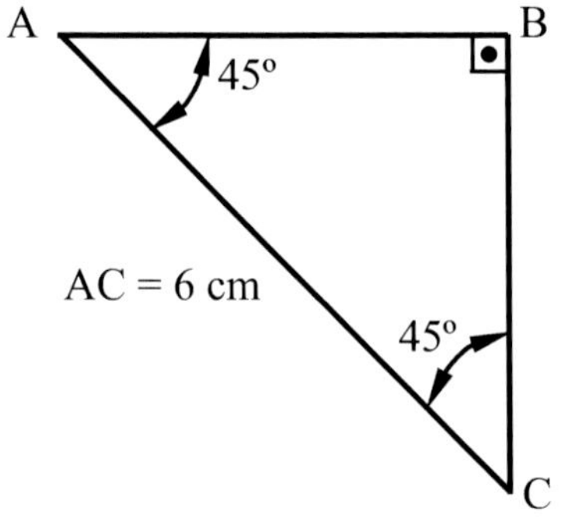

3.10 Criando Arte com triângulos

A partir do desenho de triângulos é possível a criação de imagens, que em verdade configuram obras de Arte Geométrica. A seguir são mostrados alguns exemplos, mas o capítulo 7 desse livro é específico sobre Arte Geométrica, com várias imagens coloridas.

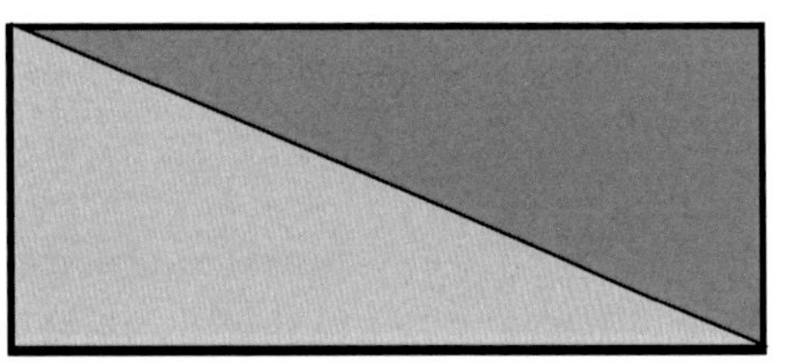

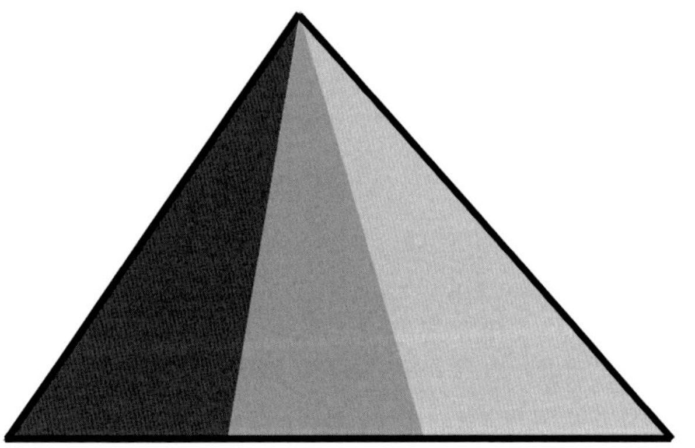

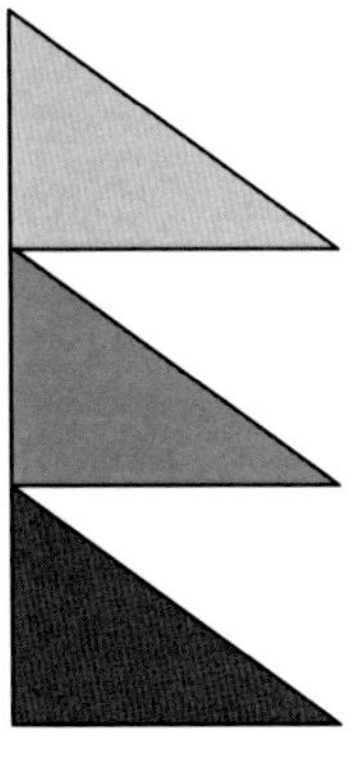

Capítulo 4

Os quadriláteros e os polígonos

4.1 Definição e classificações dos quadriláteros

Quadriláteros são polígonos de quatro lados, podendo ser regulares ou irregulares. Regulares são os que têm os quatro lados e ou ângulos iguais. Ou seja, apenas o quadrado é um quadrilátero regular. Os irregulares, os demais adiante descritos, têm ângulos e ou lados não iguais. Observa-se que, a soma dos ângulos internos de um quadrilátero é igual a 360º.

Os quadriláteros podem ser classificados de acordo com a posição relativa entre seus lados. Aqueles que possuem lados opostos paralelos (dois a dois) são chamados de paralelogramos. Os quadriláteros que possuem um par de lados opostos paralelos e os outros dois não paralelos são chamados de trapézios.

Paralelogramos
- Geral → Lados e ângulos iguais dois a dois.
- Quadrado → Quatro lados e quatro ângulos iguais a 90º.
- Retângulo → Lados iguais, dois a dois e quatro ângulos iguais a 90º.
- Losango → Quatro lados iguais e ângulos iguais dois a dois.

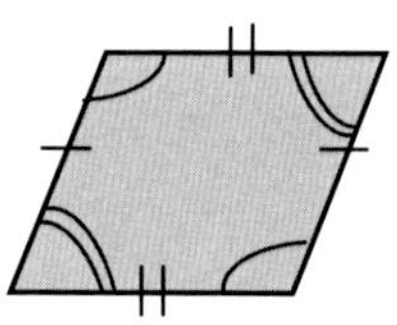

Paralelogramo geral lados e ângulos iguais dois a dois

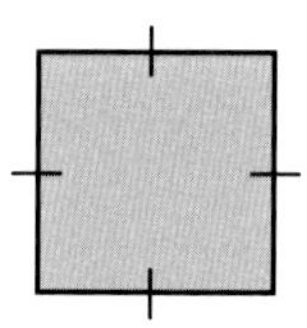

Quadrado: lados iguais e quatro ângulos iguais de 90º

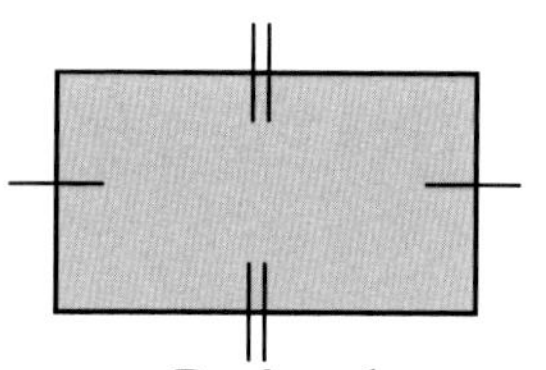

Retângulo lados iguais, dois a dois quatro ângulos iguais de 90º

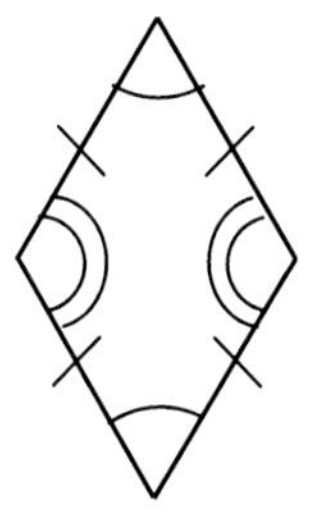

Losango Quatro lados iguais ângulos iguais dois a dois

Observa-se que pode ocorrer um quadrado em posição girada de 90º (ou outro ângulo).

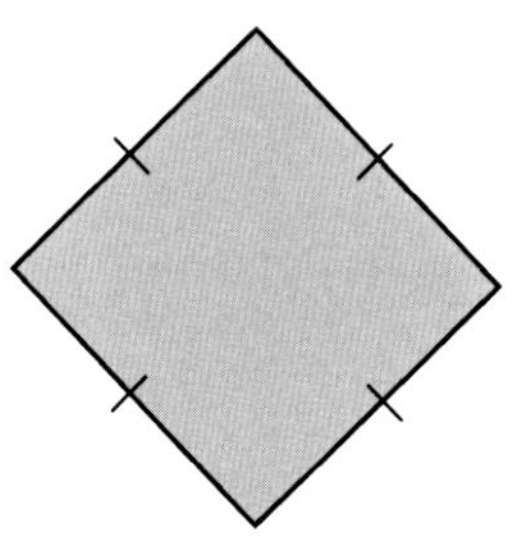

Esse é um quadrado, que foi girado de 90º. Não é um losango. Os quatro lados e os quatro ângulos são iguais, diferentemente do losango.

Trapézios
- Retângulo → Possuí dois ângulos retos (90º)
- Isósceles → Ou trapézio simétrico. Tem dois lados iguais e dois diferentes.
- Escaleno → Os quatro lados têm medidas diferentes (Por óbvio, quatro ângulos diferentes).

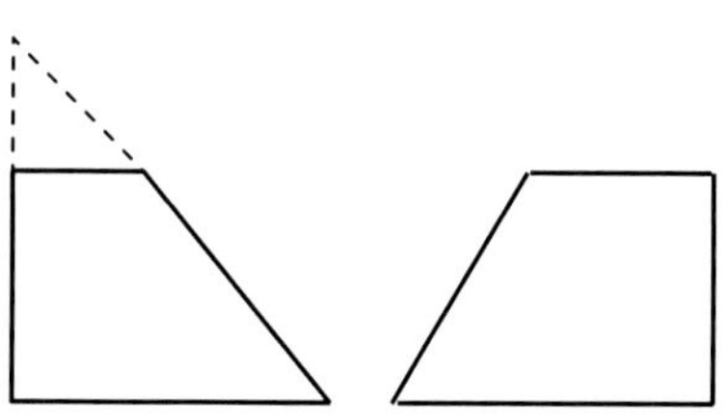

Trapézios retângulos

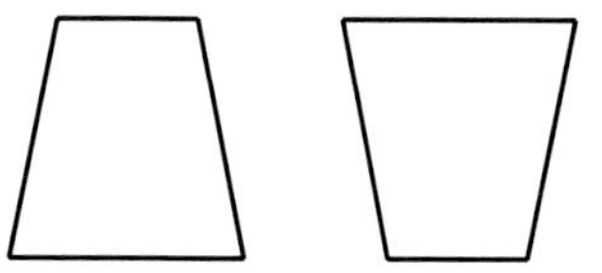

Trapézios isósceles

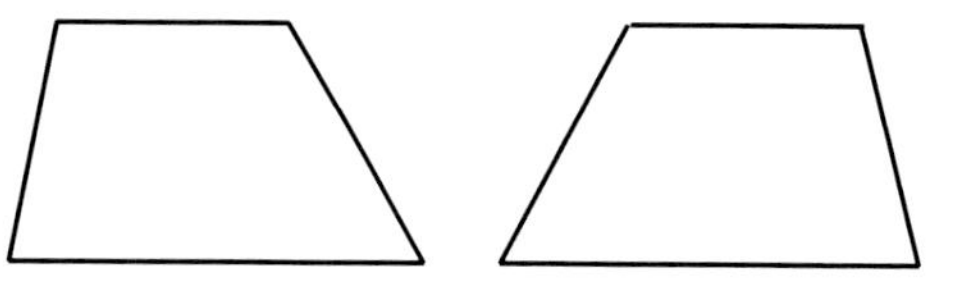

Trapézios escalenos

Observa-se que esses trapézios podem ser originados de triângulos: retângulos, isósceles e escalenos, como exemplificado no primeiro trapézio, oriundo de um corte paralelo à base de um triângulo retângulo.

4.2 Elementos e propriedades dos quadriláteros

Todo quadrilátero apresenta os seguintes elementos: lados, vértices, ângulos internos, ângulos externos e diagonais. Também têm propriedades e características, a seguir detalhadas.

4.2.1 Elementos

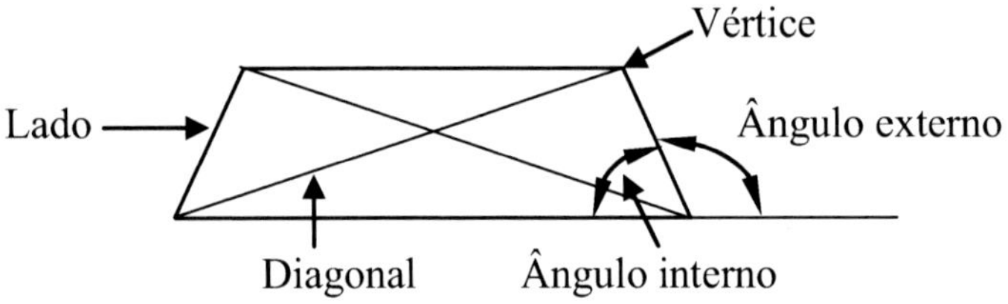

Lados: São os segmentos de reta que contornam o quadrilátero.

Vértices: São os pontos de encontro entre dois lados.

Ângulos internos: São os ângulos determinados por dois lados consecutivos de um quadrilátero.

Ângulos externos: são ângulos formados pelo prolongamento de um lado de um polígono. Um ângulo externo sempre é suplementar ao ângulo interno adjacente a ele. Ou seja, a soma dos ângulos interno e externo é igual a 180°.

Diagonais: São os segmentos de reta cujas extremidades são dois vértices não consecutivos de um polígono.

4.2.2 Propriedades

1ª A soma dos ângulos internos de um quadrilátero é igual a 360°.

2ª As diagonais de um retângulo e de um quadrado são congruentes. Ou seja, têm o mesmo comprimento. As diagonais de um quadrado são perpendiculares, interceptam-se no ponto médio e são bissetrizes dos ângulos dos vértices. As diagonais de um retângulo interceptam-se no ponto médio.

3ª As diagonais de um losango são perpendiculares e de comprimento diferentes. Num losango, as diagonais estão sobre as bissetrizes dos ângulos.

4ª O cruzamento das diagonais de um quadrilátero originam ângulos opostos pelo vértice, ou seja, iguais dois a dois.

5ª Em todo paralelogramo (quadrado, retângulo e losango) os lados opostos são iguais.

6ª Em todo paralelogramo, os ângulos opostos são iguais.

Exercício resolvido: no paralelogramo a seguir, determinar os ângulos ß.

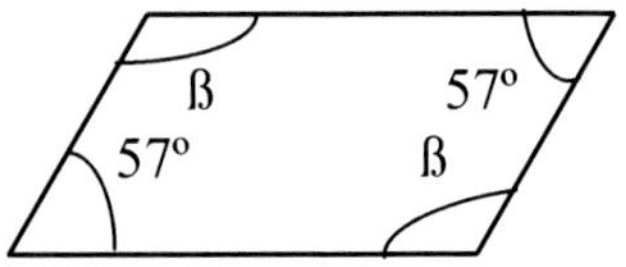

Como a soma dos ângulos internos de um quadrilátero é igual a 360°:

$ß = \frac{360° - (57° + 57°)}{2} \Rightarrow ß = 123°$. (Em todo paralelogramo, os ângulos opostos são iguais)

Conclusão: ß = 123°.

4.3 Exercícios resolvidos

4.3.1) Desenhar o retângulo a seguir, na posição indicada, onde os lados AB e CD medem 3 cm e os lados AD e BC medem 5 cm.

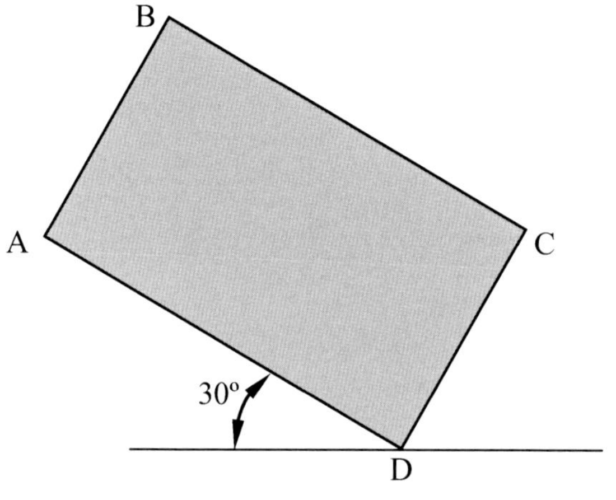

Passo a passo do raciocínio lógico geométrico:

1) Inicialmente traço a linha horizontal, onde está localizado o vértice D. 2) Traço, usando o par de esquadros, um ângulo de 30º para cima e para a direita, onde está o lado AD. 3) Com o compasso, marco 5 cm, sobre o lado AD, determinando o vértice A. 4) Pelo vértice D, usando o par de esquadros, traço uma perpendicular ao lado AD. 5) Com o compasso, marco 3 cm, sobre o lado DC, determinando o vértice C. 6) Com o par de esquadros, traço paralelas aos lados AD e DC, finalizando o retângulo pedido.

1º Passo:

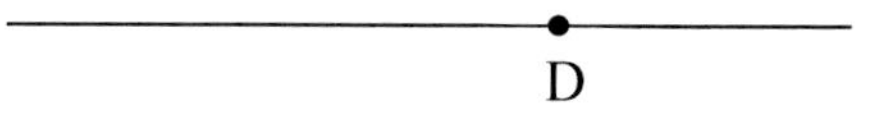

2º Passo:

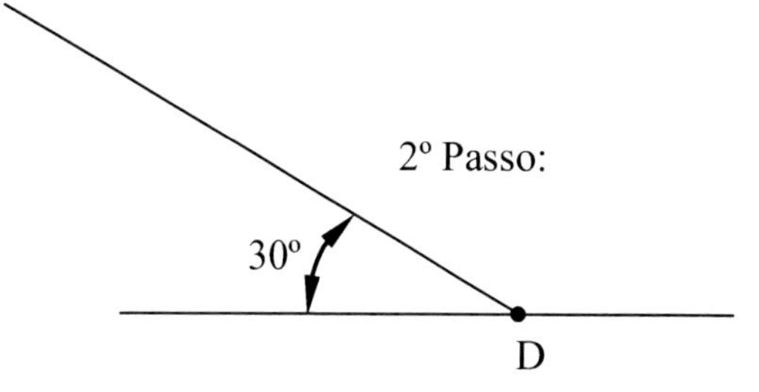

3º Passo:

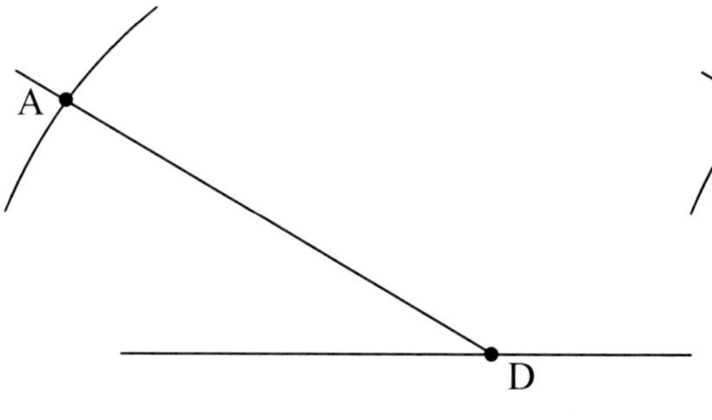

4º Passo:

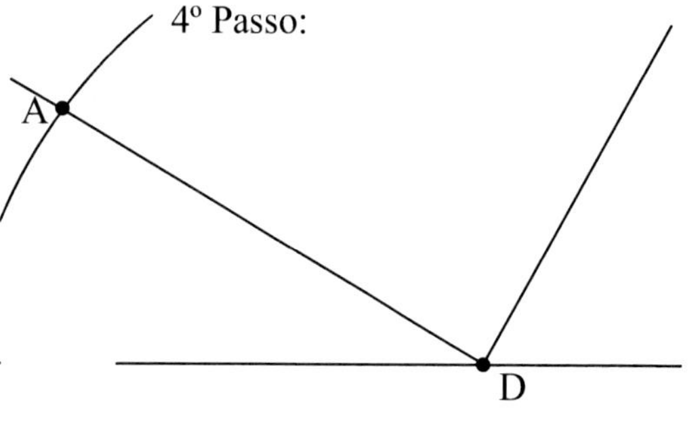

5º Passo:

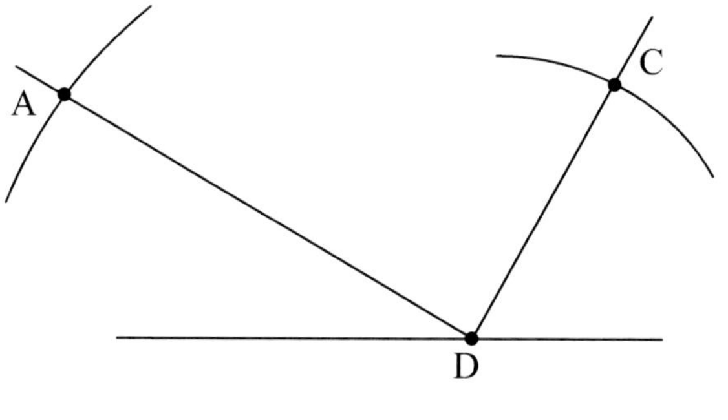

6º Passo:

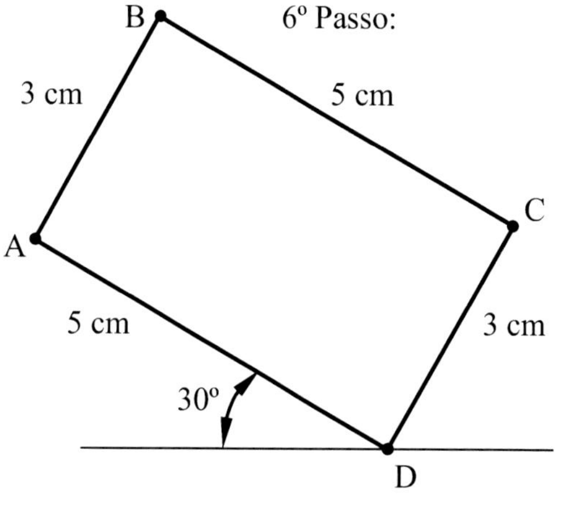

Retângulo pronto

4.3.2) Desenhar o losango a seguir, na posição indicada, com os quatro lados iguais a 3 cm. Calcular os valores dos ângulos α e ß.

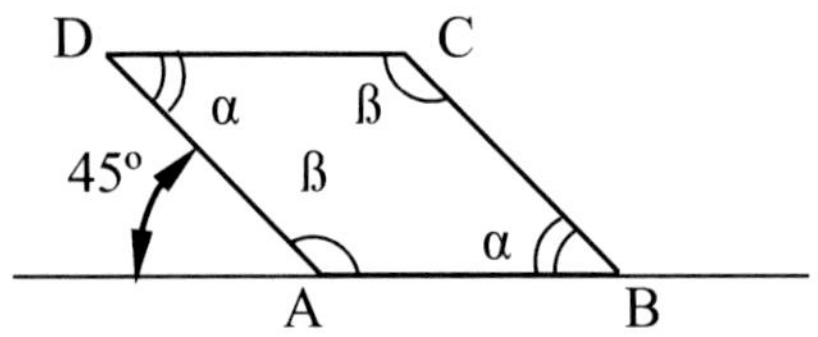

Observa-se que os quatro ângulos do losango somam 360º, sendo iguais dois a dois.

Passo a passo do raciocínio lógico geométrico:

1) Traço uma reta horizontal, localizando o vértice A. 2) Com o compasso, sobre a horizontal, localizo o vértice B. 3) A partir do vértice A, usando o par de esquadros, traço um ângulo de 45º para cima e para a esquerda. 4) Sobre a reta do ângulo traçado, usando o compasso, marco 3 cm, determinando o vértice D. 5) Usando o par de esquadros, a partir do lado AB, traço uma paralela, que passa pelo vértice B. 6) Sobre essa reta paralela traçada, marco com o compasso 3 cm, determinando o vértice C. 7) Com os vértices C e D localizados, traço o lado CD, que é paralelo ao lado AB.

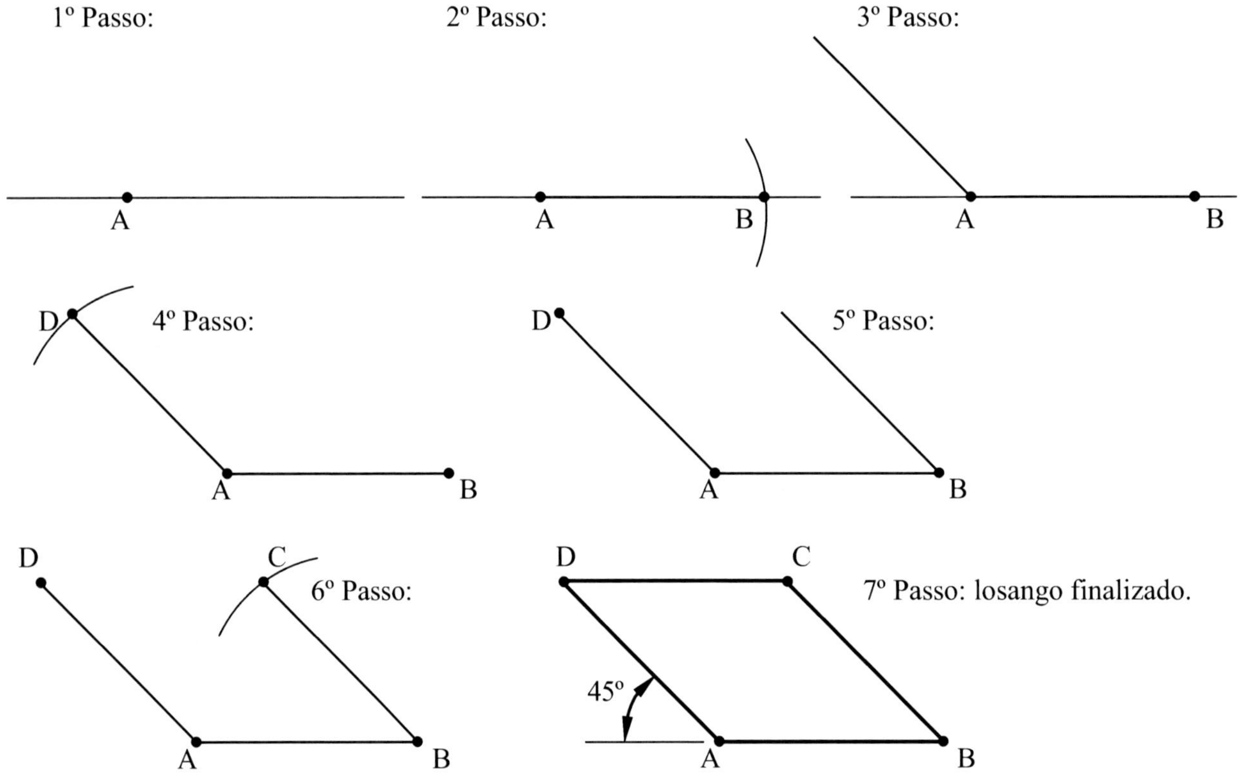

Cálculo dos ângulos α e ß.

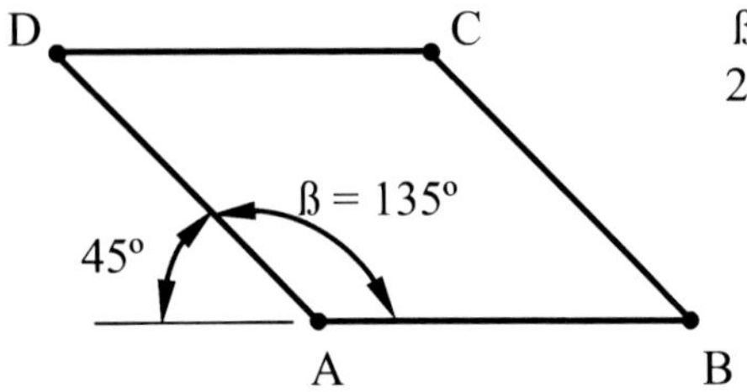

ß = 180º - 45º = 135º. Como 2α + 2ß = 360º => 2α = 360º - 2ß => 2α = 360º - 270º => 2α = 90º => α = 45º.

Conclusão: α = 45º e ß = 135º.

4.3.3) Desenhar o trapézio escaleno, a seguir, considerando os ângulos e a medida indicada.

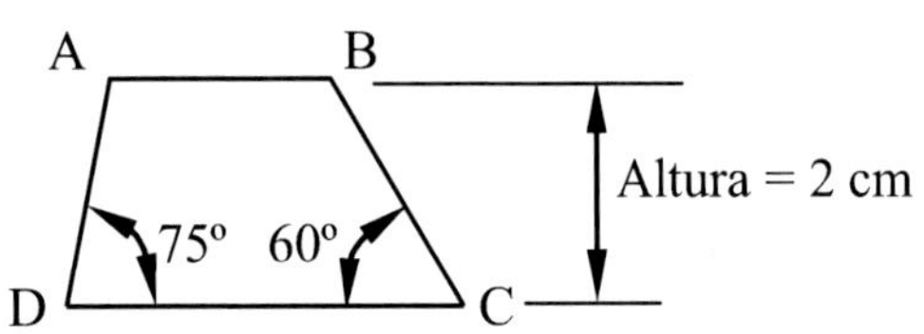

CD = 3 cm.

Passo a passo do raciocínio lógico geométrico:

1) Traço uma linha horizontal, localizando o vértice D. 2) Com o compasso, a partir do vértice D, marco 3 cm, determinando o vértice C. 3) A partir do vértice C, usando o par de esquadros, traço para cima e para a esquerda um ângulo de 60º. 4) A partir do vértice D, usando o par de esquadros, traço para cima e para a direita um ângulo de 75º, lembrando que, como visto no parágrafo 2.x, para traçar um ângulo de 75º faço a soma gráfica dos ângulos 45º + 30º = 75º. 5) Fora do lado CD, e no prolongamento de sua linha horizontal à direita, traço uma perpendicular ao lado CD. 6) Usando o compasso, marco para cima a altura de 2 cm. 7) Por essa altura, traço uma paralela ao lado horizontal CD. 8) Onde essa paralela ao lado CD corta as linhas dos ângulos, estão localizados, respectivamente, os vértices A e B.

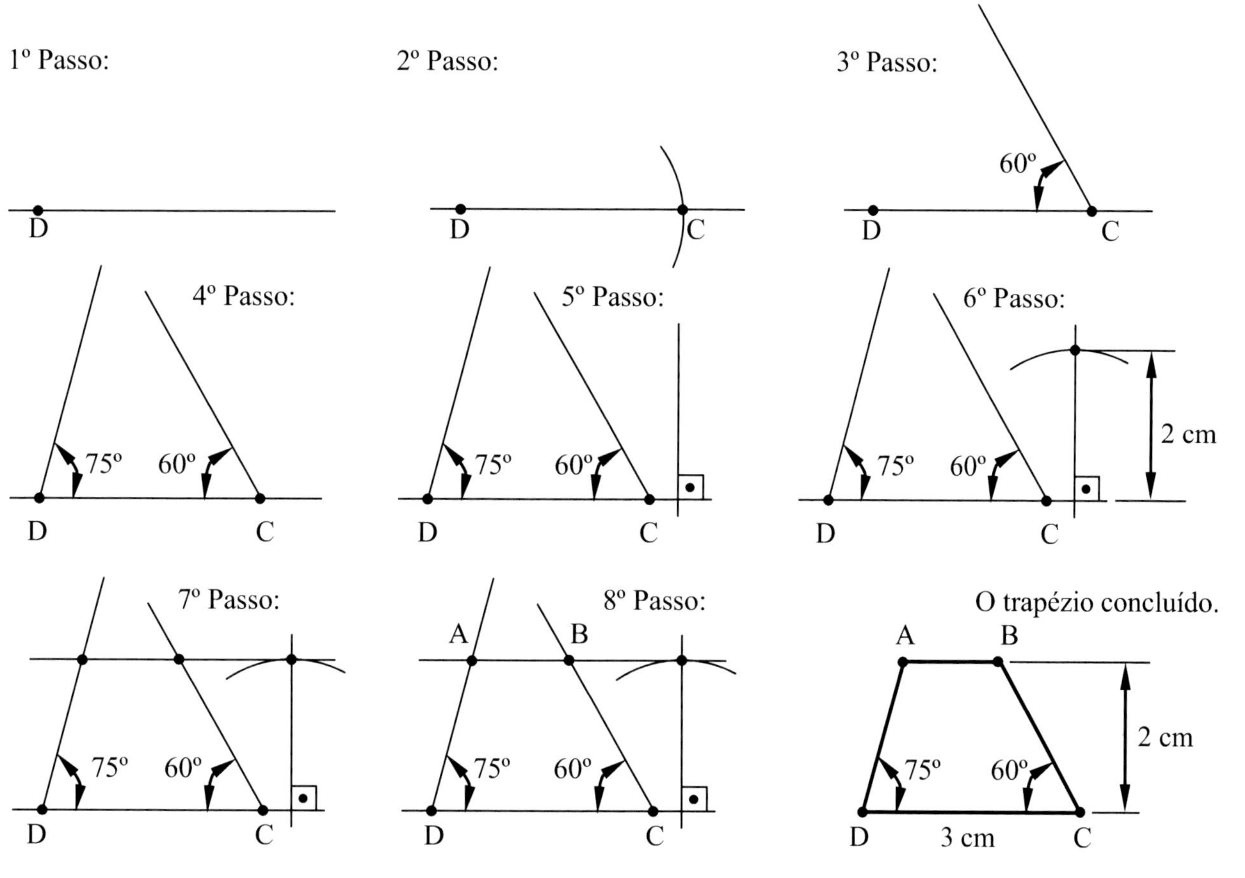

4.4 Exercícios propostos

4.4.1) Usando o par de esquadros, para traçar os ângulos, desenhe o losango ABCD a seguir, com lados iguais a 4 cm. Determine os ângulos que não estão indicados.

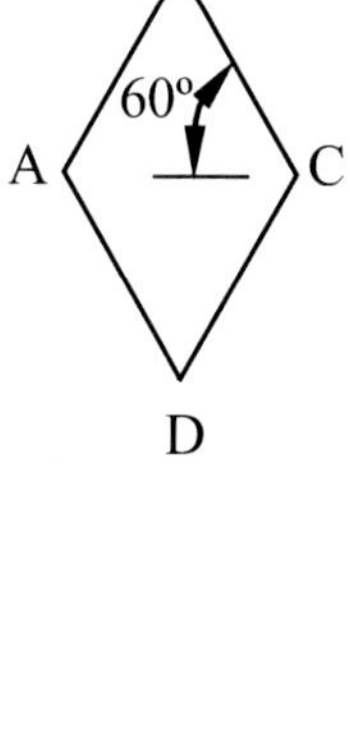

4.4.2) Usando o par de esquadros, para traçar os ângulos, desenhe o paralelogramo à direita, com lados iguais a 3 cm. Calcule os demais ângulos.

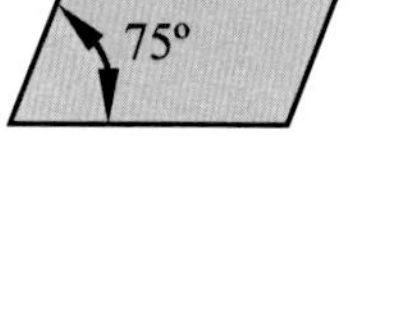

4.4.3)

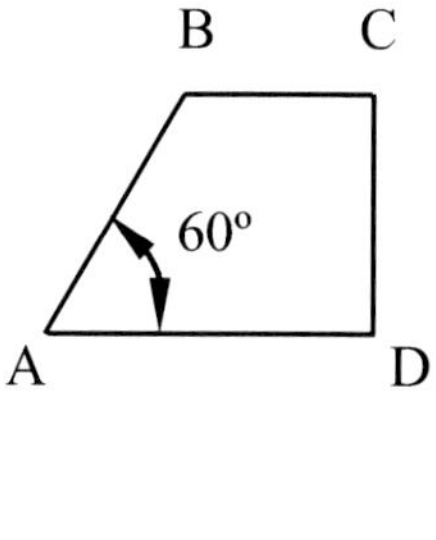

Usando o par de esquadros, desenhe o trapézio retângulo à esquerda, sabendo que: AD = 5 cm e CD = 3 cm.

4.5 O retângulo de ouro

Se um retângulo for construído com os segmentos de reta AB e AE, a seguir mostrados, ele será denominado retângulo de ouro, onde o lado maior será igual ao menor multiplicado pelo número de ouro (AB = AE . ϕ).

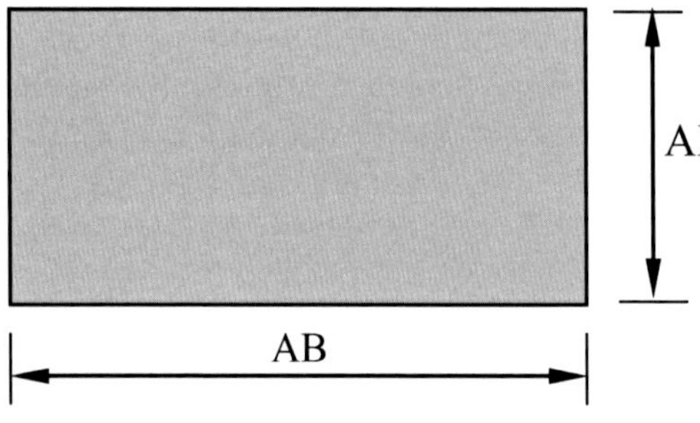

Esse é o número de ouro ϕ*.

$$\frac{AB}{AE} \approx 1{,}618034\ldots$$

*ϕ é o símbolo para uma letra grega maiúscula.

O retângulo de ouro é um objeto matemático que marca forte presença no domínio das artes, na arquitetura, na pintura, na publicidade e no projeto de produtos. Este fato não é uma simples coincidência já que muitos testes psicológicos demonstraram que o retângulo de ouro é de todos os retângulos, o mais agradável à vista. Até hoje não se conseguiu descobrir ao certo a razão de ser dessa beleza, mas a verdade é que existem inúmeros exemplos onde o retângulo de ouro aparece.

Até mesmo nas situações mais práticas do cotidiano, encontram-se aproximações do retângulo de ouro. O caso dos cartões de crédito, carteiras de identidade, carteiras de motorista, assim como a forma retangular da maior parte dos nossos livros, são exemplos de aplicações do retângulo de ouro.

Existe uma outra forma gráfica de construir um retângulo de ouro, a partir de um quadrado de lado unitário. A seguir é mostrada a sequência para a construção gráfica de um retângulo com lados iguais a 1 e 1,618034.

1 – Desenha-se um quadrado de lado unitário

2 – Divide-se um dos lados ao meio

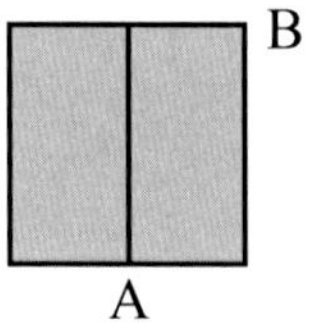

3 – Traça-se uma diagonal do vértice A ao vértice B, estendendo-se a base do quadrado

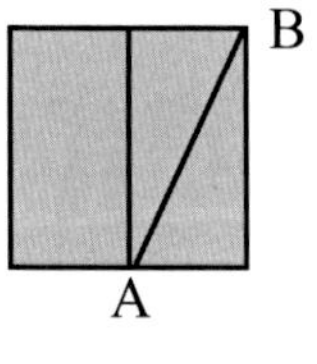

4 – Usando a diagonal AB como raio, traça-se um arco, como indicado:

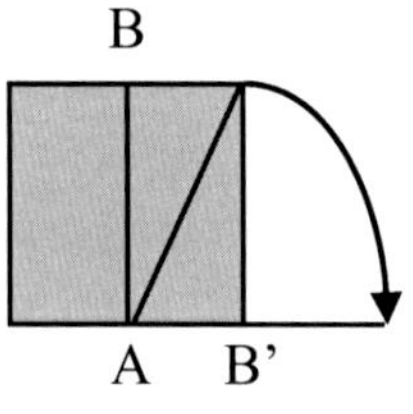

5 – Pelo ponto de interseção do arco com o segmento da base, traça-se um segmento perpendicular à base, bem como estendendo o lado superior do quadrado original, como indicado.
O retângulo CDEF é o "retângulo áureo".

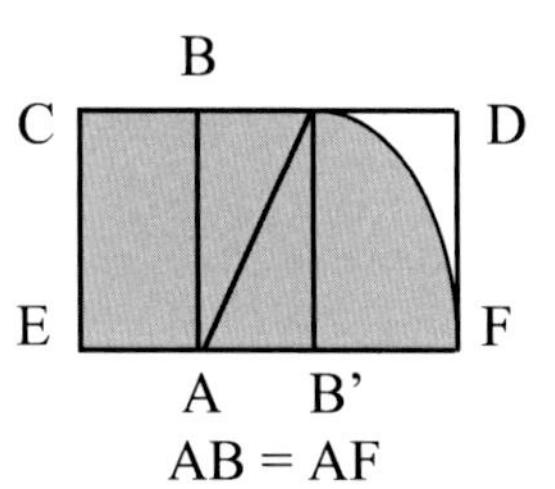

AB = AF

Essa construção gráfica, justifica-se matematicamente como:

$AB^2 = (0{,}5)^2 + 1^2 \Rightarrow AB = \sqrt{1{,}25} \Rightarrow AB = 1{,}118034$

Esse número vale: 1,6180339887...

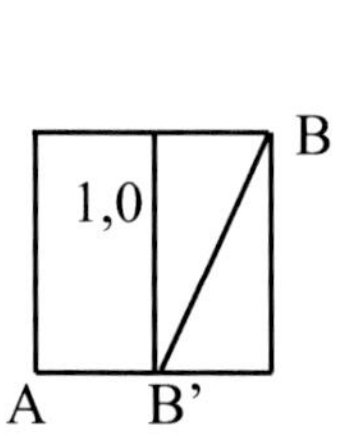

AB' = 0,5.

Como por construção geométrica: EA = 0,5, então: EF = 0,5 + 1,118034 = 1,618034.

Conclusão: o retângulo de ouro tem as seguintes dimensões

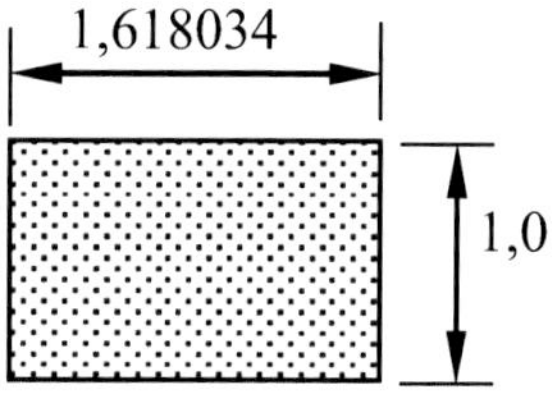

4.5.1 Curiosidade: a espiral de ouro

Um retângulo de ouro tem a propriedade de: caso subdividido num quadrado e num retângulo, o novo retângulo é também de ouro. Repetido este processo infinitamente, e unidos os vértices dos quadrados gerados, obtém-se uma espiral a qual se dá o nome de espiral de ouro. A espiral de ouro é encontrada também na natureza, em algumas flores, caracóis e conchas. A espiral de ouro, que é uma curva logarítmica*, é muito utilizada na prática em arquitetura e detalhes artísticos.
*Logarítmos estão relacionados a um número elevado a determinada potência. Em geral, os logaritmos são estudados na Álgebra, no Ensino Médio.

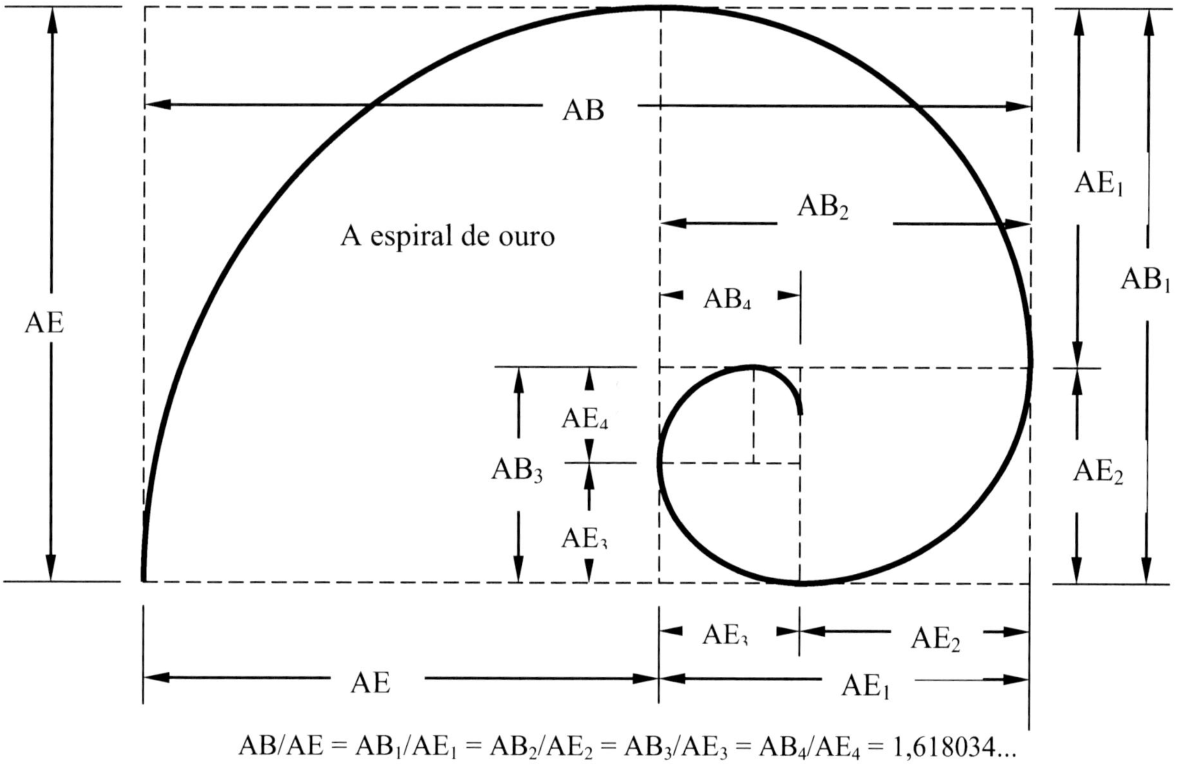

$AB/AE = AB_1/AE_1 = AB_2/AE_2 = AB_3/AE_3 = AB_4/AE_4 = 1{,}618034...$

4.5.2 Sólidos a partir de quadriláteros

Embora detalhes de prismas e pirâmides sejam mostrados adiante, é importante citar como a partir de quadriláteros é possível a criação de sólidos, ou seja, elementos geométricos de volume. Além da prática matemática, existem muitas aplicações reais para esses elementos. Enquanto quadriláteros têm duas dimensões, pirâmides e prismas têm três dimensões. Pirâmides de base quadrilátera são usadas na prática, tanto como monumentos em concreto, quanto em obras de arte em bronze. Prismas de base quadrilátera são utilizados como elementos estruturais em obras de construção civil, bem como em perfis metálicos em aço. O cálculo do volume desses sólidos é fundamental, pois se precisa saber a quantidade de material que será necessária. Concreto para o monumento, bronze para a obra de arte e aço para os perfis.

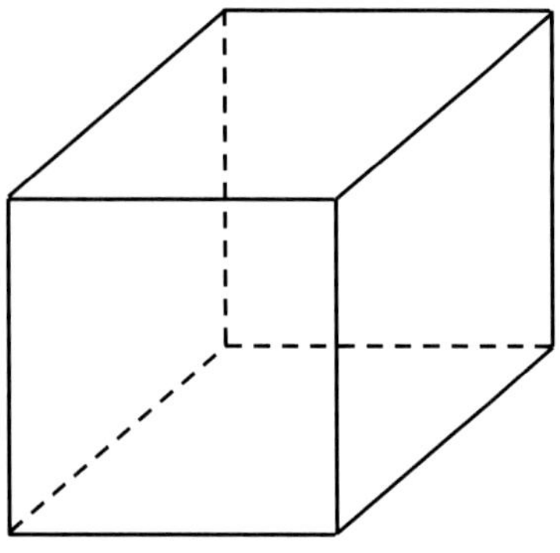

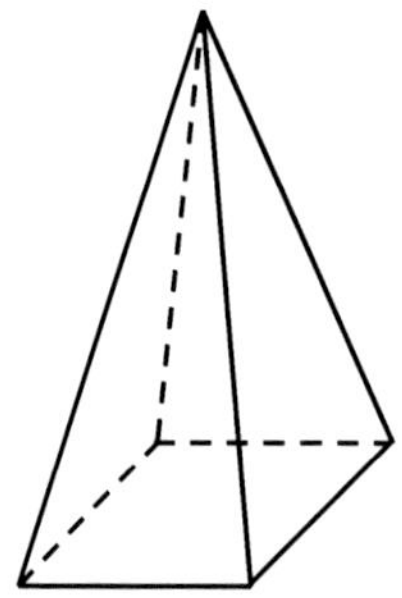

Uma pirâmide de base quadrilátera.

Um prisma quadrado, formando um cubo, usado, por exemplo, como caixa d'água.
Um cubo ou hexaedro, tem oito faces quadradas.

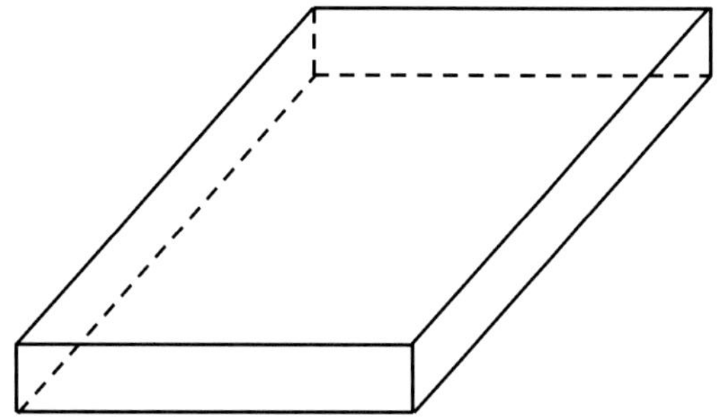

Um prisma retangular usado, por exemplo, como uma piscina ou placa de concreto.

No caso de caixa d'água ou piscina, o volume indica a quantidade de água contida. Lembra-se que um metro cúbico equivale a mil litros. No caso de uma placa de concreto ou uma laje, o volume multiplicado pelo peso específico do concreto, indica o peso total da placa ou laje.

4.6 Polígonos

A palavra polígono deriva de poli igual a vários e gono igual a ângulo, ou seja, a palavra polígono significa vários ângulos. Polígonos são figuras geométricas ou linhas poligonais planas e fechadas, formadas por segmentos de reta, chamados lados. Dividem-se em dois grupos, os convexos e os não convexos. Quando um polígono possui todos os seus lados iguais e, consequentemente, todos os ângulos internos iguais, trata-se de um polígono regular. Também são classificados como inscritos ou circunscritos à circunferências, bem como os polígonos estrelados, oriundos dos polígonos regulares.
Os polígonos são classificados segundo o número de lados e utilizando prefixos de origem grega, como a seguir citados. Recorda-se que o termo látero significa lado. Destaca-se que os termos a seguir, são os que têm significado e interesse na Geometria, bem como aplicações práticas. Os demais devem ser citados conforme o número de lados, como por exemplo, um polígono com 31 lados.

4.6.1 Classificação, quanto ao número de lados

Triângulo ou trilátero => três lados. (tri = três).
Quadrilátero => quatro lados. (quadri = quatro).
Pentágono => cinco lados. (penta = cinco).
Hexágono => seis lados. (hexa = seis).
Heptágono => sete lados. (hepta = sete).
Octógono => oito lados. (octo = oito).
Eneágono => nove lados. (enea = nove).
Decágono => 10 lados. (deca = 10).
Undecágono => 11 lados. (undeca = 11).

Dodecágono => 12 lados. (dodeca = 12).
Tridecágono => 13 lados. (trideca = 13).
Quadridecágono => 14 lados. (quadrideca = 14).
Pentadecágono => 15 lados. (pentadeca = 15).
Hexadecágono => 16 lados. (hexadeca = 16).
Heptadecágono => 17 lados. (heptadeca = 17).
Octodecágono => 19 lados. (octodeca = 18).
Eneadecágono => 12 lados. (eneadeca = 19).
Icoságono => 20 lados. (icosa = 20).

4.6.2 Classificação quanto à forma: polígonos côncavos ou convexos

Quando, num polígono, dois pontos quaisquer que estão dentro do polígono se unem tendo que passar pelo lado de fora do polígono, é chamado côncavo. Um polígono só será côncavo desde que ao menos dois pontos estejam dentro dessa norma. Observa-se que a palavra côncavo também pode ser interpretada como algo que tenha uma cavidade ou reentrância. Como consequência, polígono convexo é aquele onde nenhum segmento de reta conectando dois pontos de seu perímetro passa por fora do polígono. Os pentágonos a seguir mostram uma forma prática de saber se um polígono é côncavo ou convexo.

Aqui observa-se um segmento secante, passando por fora do polígono.

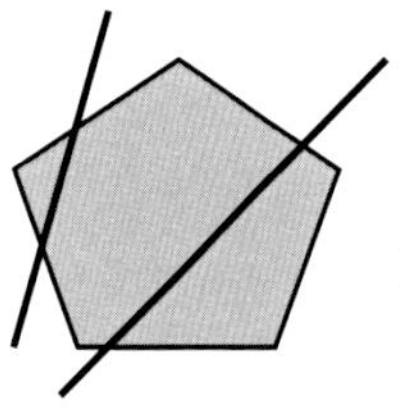

Pentágono regular convexo

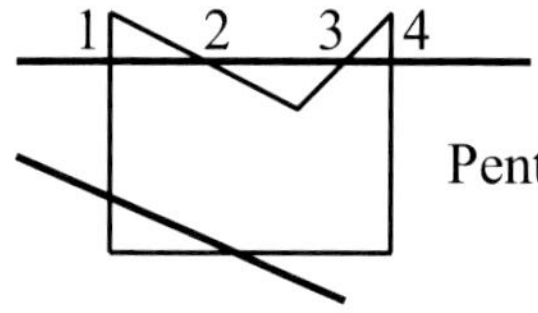

Pentágono irregular côncavo

4.7 Elementos característicos dos polígonos regulares convexos

Todo polígono convexo possuí os seguintes elementos:

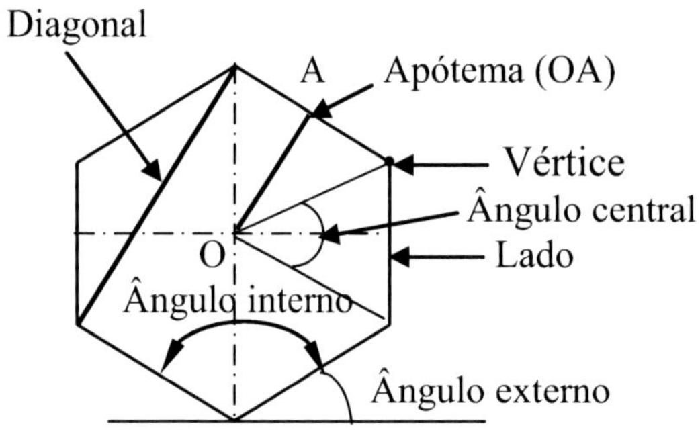

Lados: são os segmentos de reta que determinam o polígono.

Vértices: são os pontos de encontro entre dois lados.

Diagonais: segmentos de reta que ligam dois vértices não consecutivos de um polígono.

Ângulos internos: são os ângulos formados, no interior do polígono, por dois segmentos de reta adjacentes.

Ângulos externos: São os ângulos formados, no exterior de um polígono, pelo prolongamento de um lado e o lado adjacente a ele.

Ângulo central: é o ângulo de vértice no centro e lados que passam por dois vértices consecutivos.

Apótema de um polígono é o segmento de reta (OA) que parte do centro (O) da figura, formando com o lado um ângulo de 90º, ou seja, o apótema é perpendicular ao lado do polígono.

4.7.1 Propriedades básicas dos polígonos convexos

1ª – Em um polígono convexo, o número de lados é sempre igual ao número de ângulos internos e vértices.

2ª – A soma dos ângulos internos de um polígono convexo é dada pela seguinte fórmula:

$S = (n - 2)180°$. Onde S é a soma dos ângulos internos e "n" é o número de lados do polígono.

3ª – Todo polígono apresenta a soma de seus ângulos externos igual a 360º.

4ª – O número de diagonais que um polígono convexo possui é dado pela seguinte fórmula:

$d = \frac{n(n-3)}{2}$. Onde "d" é o número de diagonais e "n" é o número de lados do polígono.

Na fórmula, "n – 3" determina o número de diagonais que partem de um único vértice e a divisão por dois elimina a duplicidade de diagonais ocorridas em um polígono.

4.7.2 Ângulo central

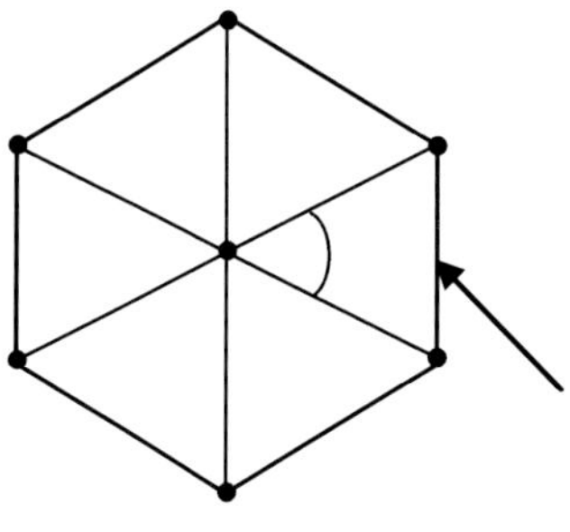

O ângulo central α de um polígono regular é dado pela fórmula: $\alpha = \frac{360°}{N}$, onde N é o número de lados do polígono.

Dessa forma, o ângulo central α do hexágono regular à esquerda é:

$\alpha = \frac{360°}{6} = 60°$.

4.8 Polígonos inscritos e circunscritos

Ao se traçar uma circunferência, é possível obter um polígono inscrito, ou seja, dentro da circunferência, de forma que cada, e todos, os vértices, estão em pontos da linha da circunferência. Já um polígono circunscrito tem cada, e todos, os lados, tangentes a pontos da circunferência.

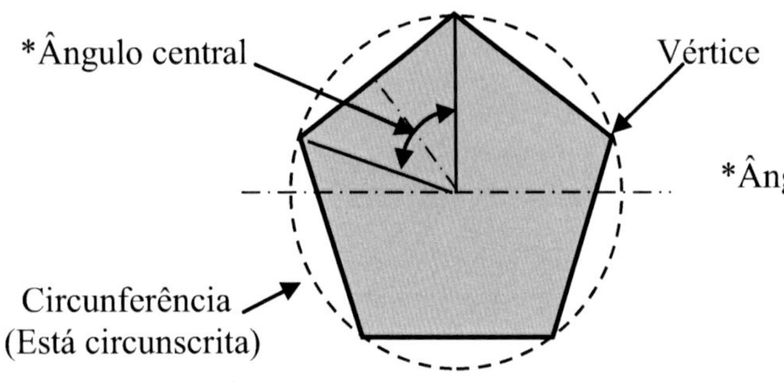

Um pentágono regular, convexo e inscrito

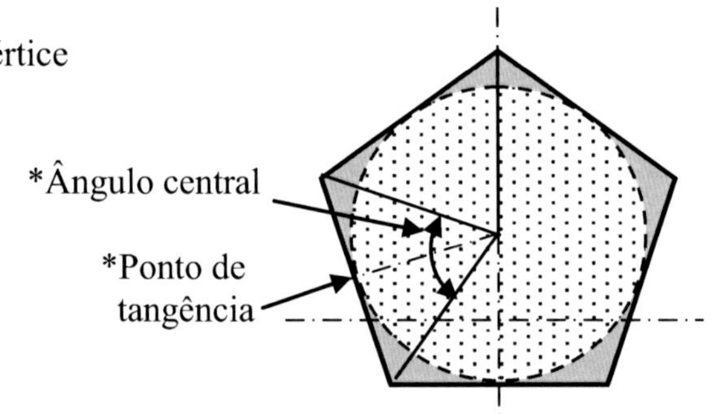

Um pentágono regular, convexo circunscrito

* O apótema é a bissetriz do ângulo central, e passa pelo ponto de tangência, no polígono circunscrito.

4.9 Polígonos estrelados

Os polígonos estrelados são obtidos a partir de polígonos inscritos (ou circunscritos), traçando-se todas as diagonais. A sequência é a seguinte: 1 - Constrói-se o polígono inscrito, a partir da definição do diâmetro da circunferência; 2 - A partir de cada vértice, traçam-se todas as diagonais; 3 - Eliminando (apagando) as linhas da circunferência e dos lados, obtém-se uma estrela e 4 - Apaga-se o polígono semelhante que surge no centro da estrela e fica-se com o polígono estrelado, ou seja, apenas uma estrela.

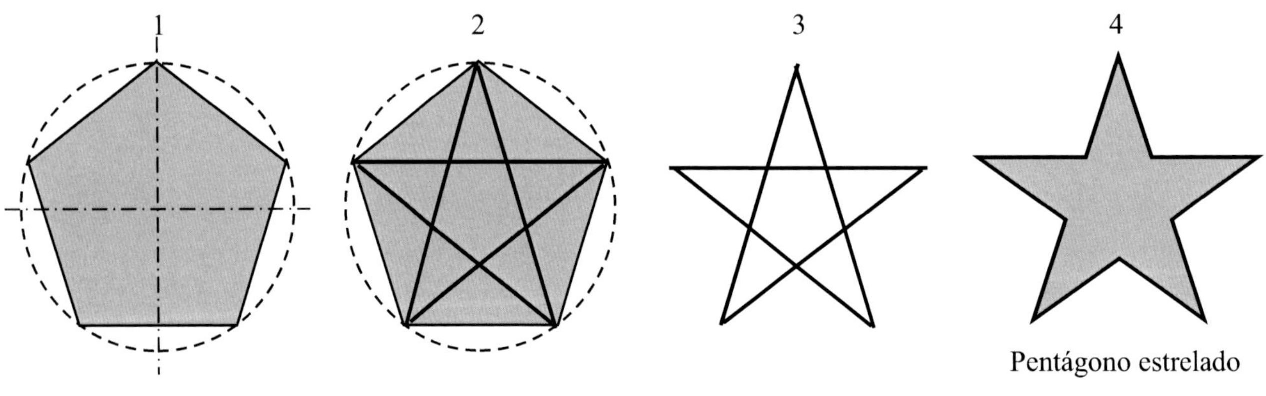

Sequência para obtenção de um pentágono estrelado, a partir de um pentágono, convexo, regular e inscrito.

4.10 Exercícios resolvidos

4.10.1) Fazer o desenho de um hexágono regular convexo, de lado igual a 2 cm. Faça o desenho pelo conceito de ângulo central e usando o par de esquadros, para traçar os ângulos.

Como já visto, no parágrafo 4.7.2, o ângulo central de um hexágono regular é $\alpha = 360°/6 = 60°$. No caso específico do hexágono regular, considerando os seis ângulos centrais, tem-se o desenho de seis triângulos equiláteros de lado igual a 2 cm. Todo triângulo equilátero tem ângulos de 60º.
Dessa forma, podem ser desenhados seis triângulos equiláteros de lado 2 cm, consecutivos e todos convergindo para um único vértice central. Em princípio, esses triângulos podem ser desenhados em quaisquer posições, mas para facilitar o desenho e obter um aspecto visual agradável, os triângulos serão desenhados como a seguir.
Observa-se que, o raio da circunferência que circunscreve um hexágono regular convexo é igual ao valor do lado do hexágono.

Raciocínio lógico geométrico: traço um 1º triângulo equilátero na posição abaixo. Na sequência vou traçando outros triângulos iguais.

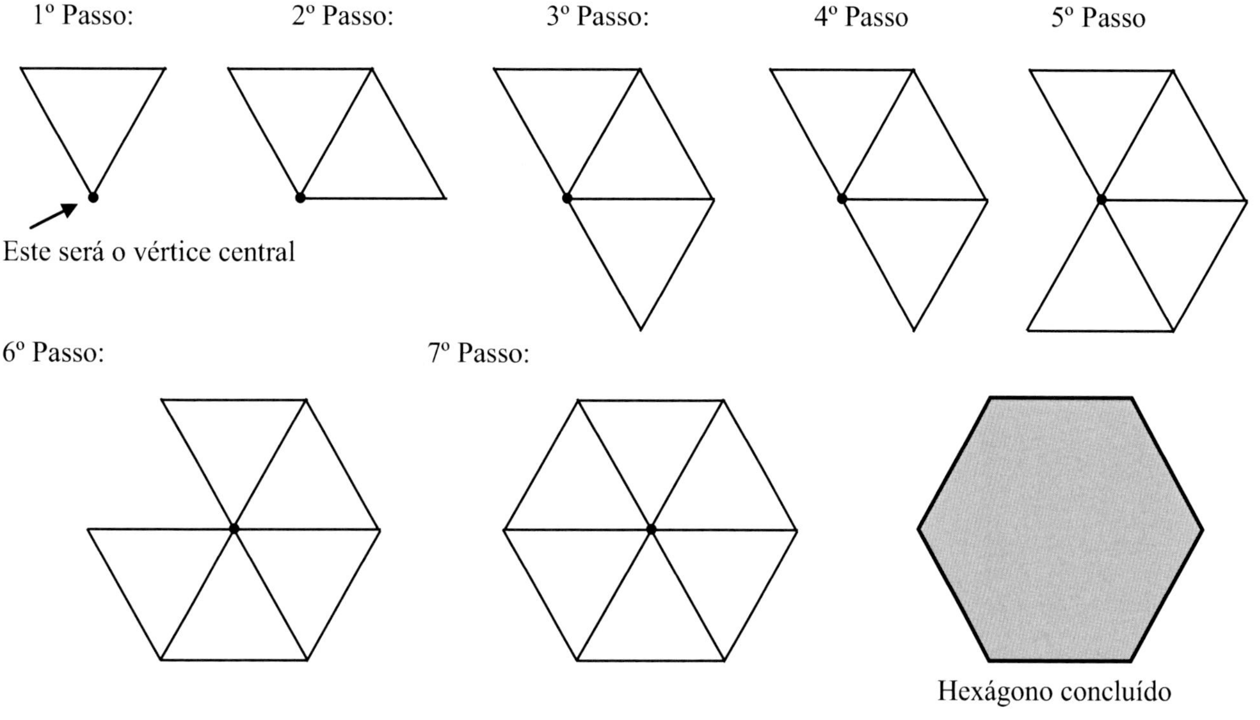

4.10.2) Usando o mesmo processo do ângulo central, desenhar um pentágono regular convexo de lado igual a 2 cm.

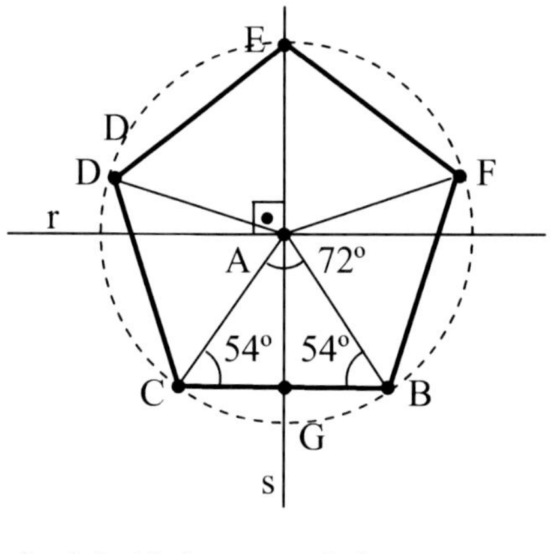

Análise lógica preliminar:

O ângulo central de um pentágono regular é $\alpha = 360^{o}/5 = 72^{o}$. Como não se consegue traçar um ângulo de 72º com o par de esquadros, tem-se que usar o transferidor. Considerando o desenho à esquerda, o primeiro triângulo a ser traçado será o ABC, mas antes de marcar o ângulo de 72º, traçam-se duas retas perpendiculares r e s, determinando o ponto A que é o vértice central. Como foi dado o lado do pentágono igual a 2 cm, Inicialmente se desenha o triângulo ABC e depois são desenhados os outros quatro triângulos isósceles de lado igual a 2 cm, ângulo maior de 72º e os ângulos da base iguais a 54º, pois: $73^{o} + 54^{o} + 54^{o} = 180^{o}$.

Raciocínio lógico geométrico:

1) Determino o valor do ângulo central, no caso é de 72º. 2) Traço o lado BC igual a 2 cm. 3) Determino o ponto médio M de BC, localizando o ponto G. 4) Posiciono o transferidor, marcando o ângulo de 54º para cima e para a direita, a partir do ponto B. 5) Traço um segmento para cima e para a esquerda onde estará o lado AB.) Posiciono o transferidor, marcando o ângulo de 54º para localizar o ponto C. 5) Traço um segmento para cima e para a direita onde estará o lado AC. 6) Determino a interseção dos segmentos AC e BC, localizando o ponto A, que é o vértice central. 7) Traço duas retas perpendiculares r e s, passando pelo ponto A. 8) Com o compasso centro no ponto A, traço uma circunferência de raio AB. Sobre essa circunferência estarão os cinco vértices. Ou seja, será desenhado um pentágono inscrito. 9) Com o compasso transfiro a medida do lado AB, ao longo da circunferência, marcando os cinco vértices do pentágono. 10) Finalizo o desenho do pentágono.

1º Passo: determino o ângulo central, no caso igual a 72º.

Observa-se que existem métodos para o desenho de polígonos regulares inscritos, sem o uso do conceito de ângulo central. Esses métodos estão descritos no livro para o 8º ano de Ensino Fundamental: "Geometria Descritiva III".

2º Passo:

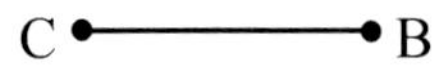

3º Passo: determino o ponto médio G do lado BC, centrando o compasso no ponto B e com raio BC traço um arco para cima. Repito o mesmo, centrando em C. O cruzamento desses arcos determina o ponto H.

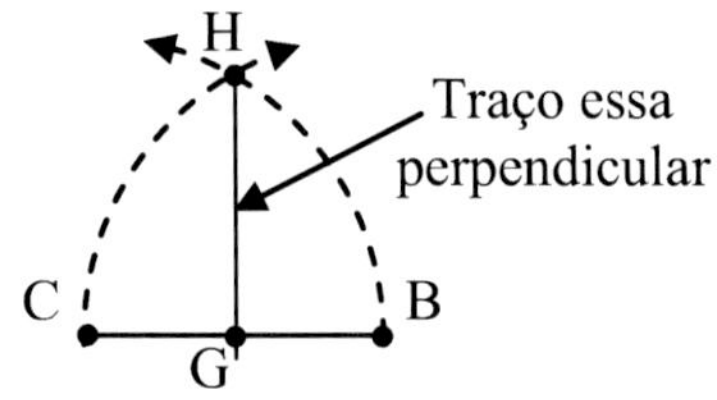

4º Passo:

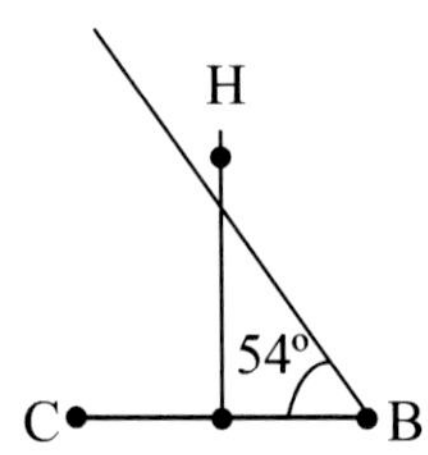

5º Passo

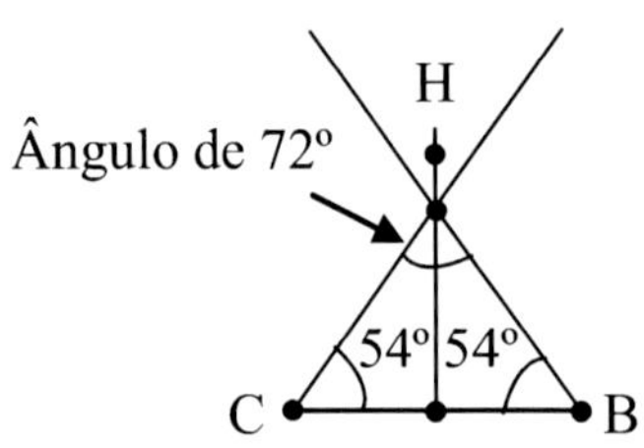

6º Passo:

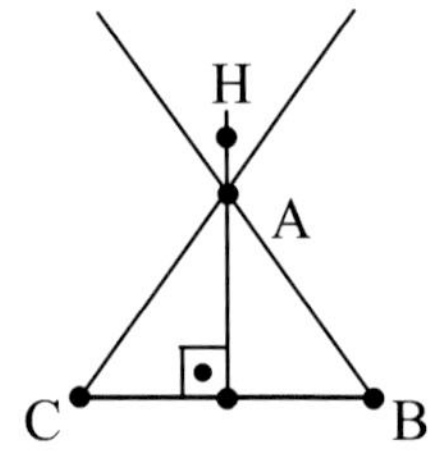

7º Passo:

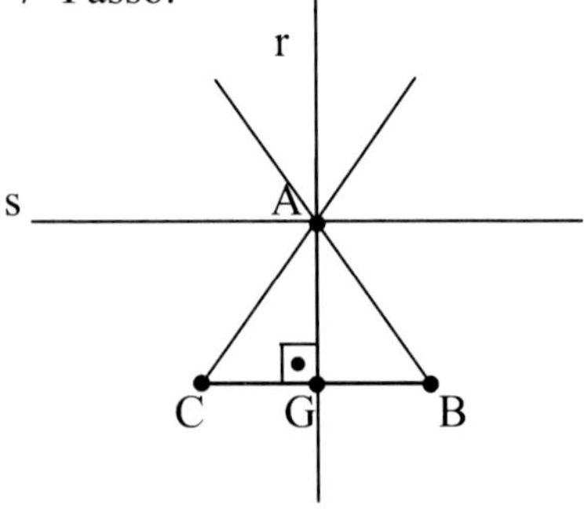

8º Passo:

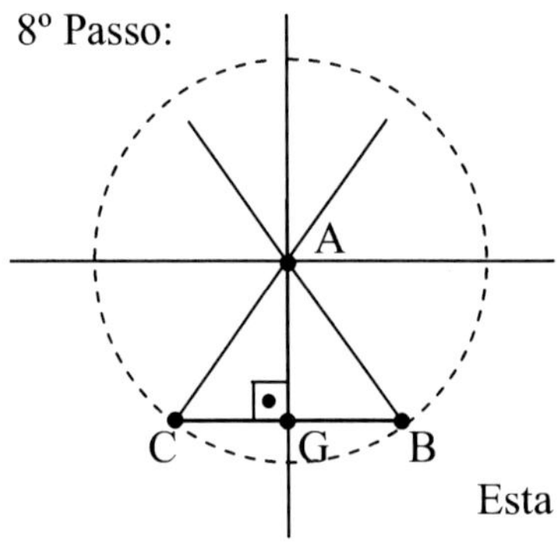

9º Passo:

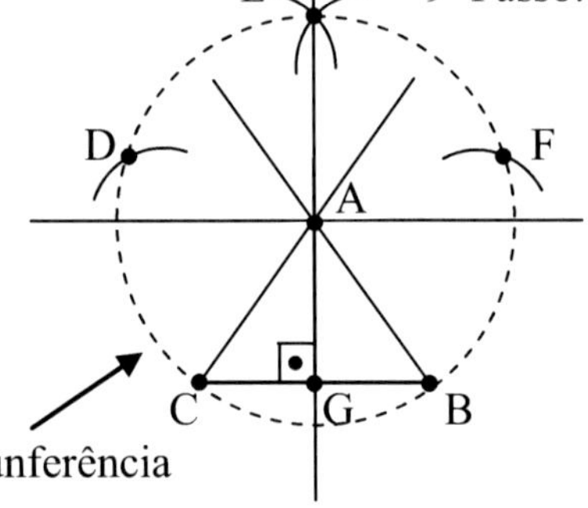

Esta circunferência circunscreve o polígono.

10º Passo: Pentágono finalizado

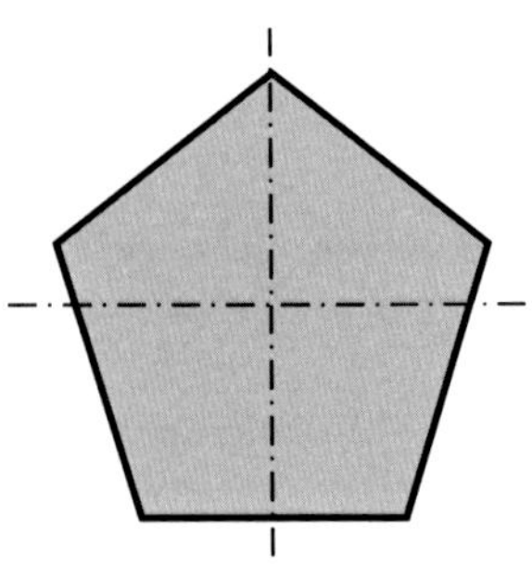

O cálculo exato do raio da circunferência que circunscreve esse polígono, envolve conteúdo de trigonometria, em geral estudada no Ensino Médio.
CG = L/2 = 2 cm/2 = 1 cm. AC = raio. AG = apótema.

cos 54º = CG/AC => AC = CG/cos 54º. cos 54º = 0,588.

AC = 1 cm/ 0,588 => AC = 1,7 cm.

Ou seja: o raio da circunferência é igual a 1,7 cm.

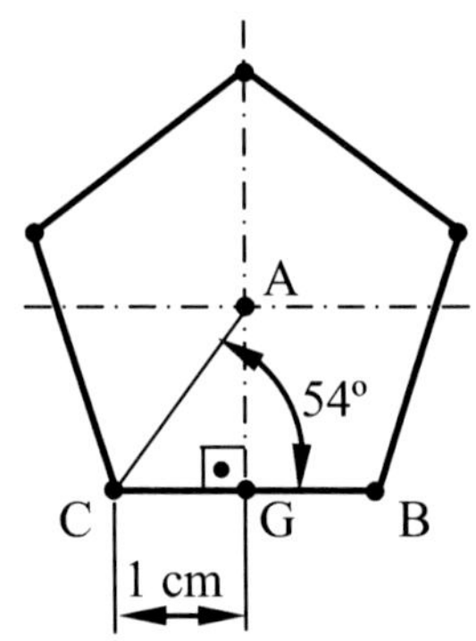

4.11 Exercícios propostos

4.11.1) Considerando o conceito de ângulo central, desenhar os seguintes polígonos: a) um quadrado de lado igual a 3 cm e b) um octógono regular convexo (oito lados) de lado igual a 2 cm.

Dica: inicia-se pelo cálculo do ângulo central.

4.12 Arte com quadriláteros e polígonos

Com quadriláteros e polígonos é possível criar lindas obras ligadas à Arte Geométrica. A seguir são mostradas algumas, observando-se que o capítulo 7 é dedicado à Arte Geométrica, com muitos exemplos.

Aqui foram usadas as três cores básicas: vermelho, azul e amarelo.

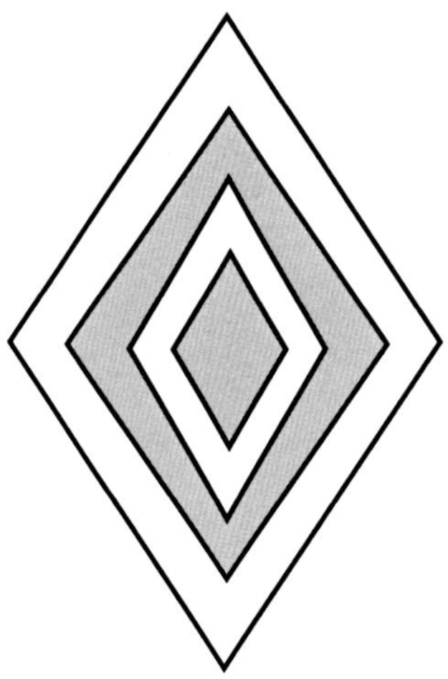

Mesmo sem ser colorido, alguns preenchimentos ficam bonitos.
Aqui tem-se exemplos de polígonos semelhantes.

Também causam bom impacto visual preenchimentos alternados, com cores neutras.

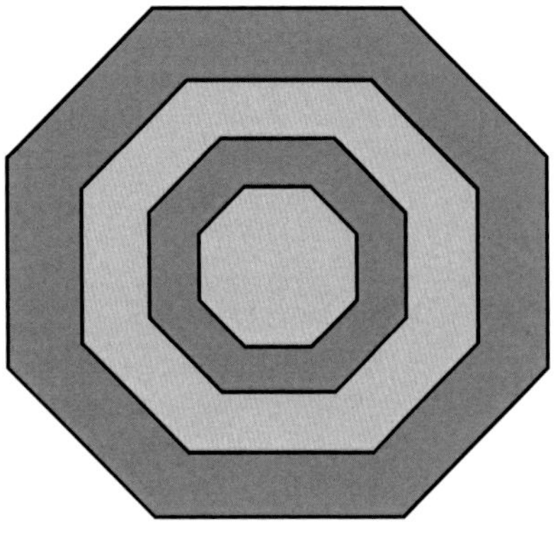

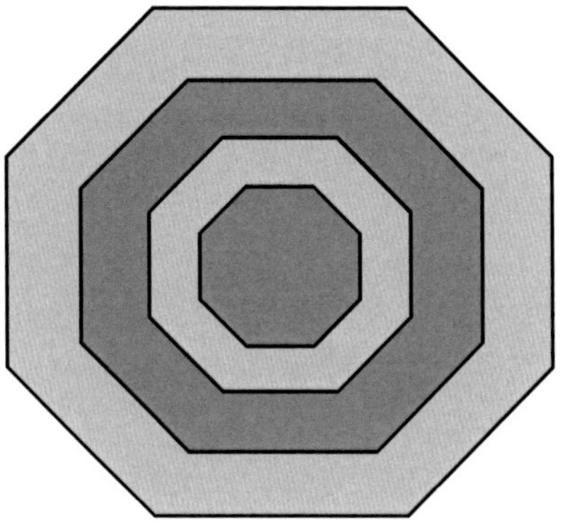

Arte bicromática neutra com quadrados

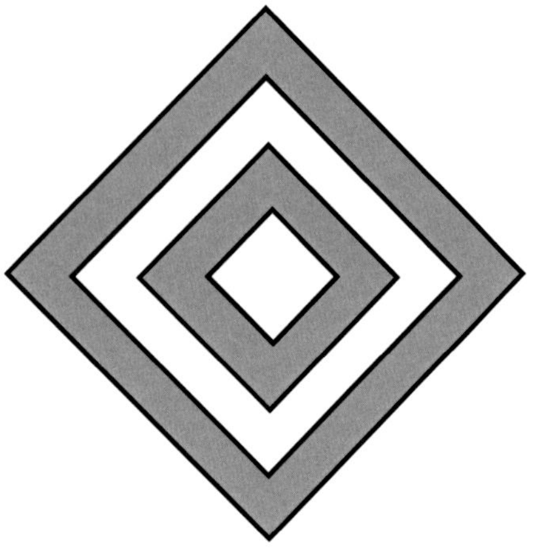

Girando a 90º quadrados semelhantes e apenas com duas cores neutras, um cinza claro e fundo branco, tem-se um bom impacto visual.

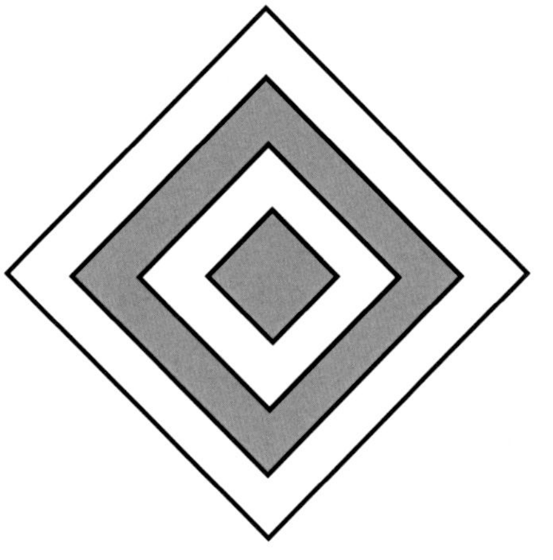

Arte com símbolos do Word

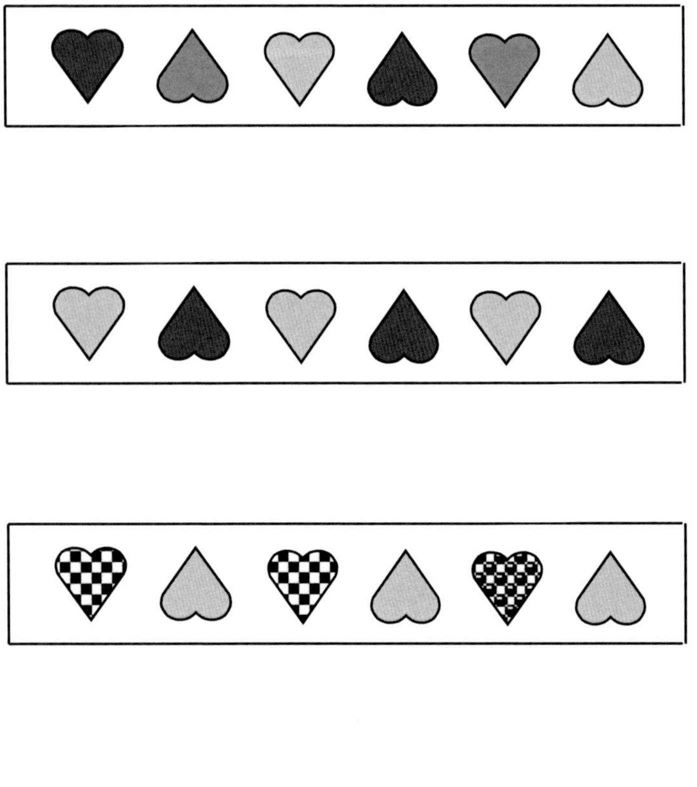

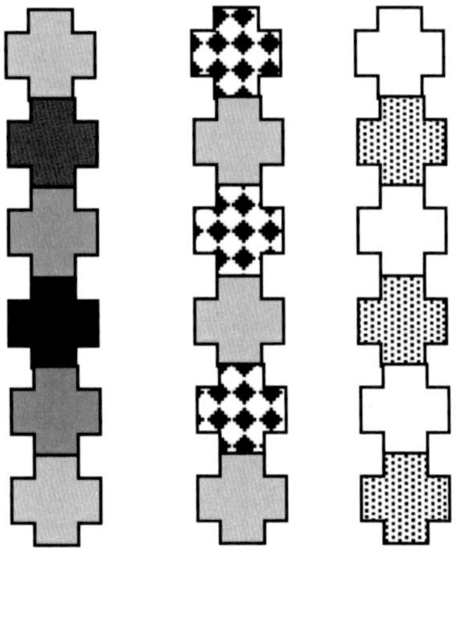

Capítulo 5
Os poliedros. Prismas, pirâmides e suas planificações

A palavra poliedro é composta por duas de origem grega, onde poli significa várias e edro significa plano ou face. Poliedro é um sólido (três dimensões) geométrico cuja superfície é composta por um número finito de faces, cujos vértices são formados por três ou mais arestas em três dimensões: comprimento, largura e profundidade em que, cada uma das faces é um polígono, regular ou irregular, por exemplo, triângulos. Existem diversos tipos de poliedros, observando-se que prismas e pirâmides também são poliedros. Prismas, que também são poliedros, são sólidos geométricos, ou seja, tridimensionais, que possuem duas bases poligonais (por exemplo, triangular) e várias faces laterais. Além dos estudos geométricos, poliedros e prismas, nas suas diversas formas, são muito utilizados na prática, em especial na Arquitetura e Engenharia.

5.1 Os poliedros regulares de Platão

Platão (427 a.C. - 347 a.C.) foi um filósofo e matemático do período clássico da Grécia antiga, autor de diversos diálogos filosóficos e fundador da Academia em Atenas, a primeira instituição de educação superior do mundo ocidental. Acredita-se que seu nome verdadeiro tenha sido Arístocles. Além de ser regular e convexo, todo poliedro de Platão satisfaz, simultaneamente, às seguintes condições:
- Todas as faces têm o mesmo número de arestas.
- De cada vértice parte o mesmo número de arestas.
- A relação de Euler* é válida. (* Leonhard Paul Euler:1707-1783, matemático suiço).

A relação de Euler é dada por: V + F = A + 2, onde: V = número de vértices; F = número de faces e A = número de arestas.
Os poliedros de Platão têm utilizações práticas específicas, por exemplo, na Arquitetura e nas Artes. Observa-se que hexaedros ou cubos são usados como caixas d'água e tetraedros são pirâmides de base triangulares.

Nome do Poliedro / Dados	Tetraedro	Hexaedro	Octaedro	Dodecaedro	Icosaedro
Nº de faces (F)	Quatro (4)	Seis (6)	Oito (8)	12	20
Formato da face	Triângulo equilátero	Quadrado	Triângulo equilátero	Pentágono	Triângulo equilátero
Nº de vértices (V)	Quatro (4)	Oito (8)	Seis (6)	20	12
Nº de arestas (A)	Seis (6)	12	12	30	30
Relação de Euler (V+F=A+2)	(4+4=6+2) 8 = 8	(8+6=12+2) 14 = 14	(6+8=12+2) 14 = 14	(20+12=30+2) 32 = 32	(12+20=30+2) 32 = 32

Tabela 5.1: características dos poliedros de Platão

Imagens dos poliedros regulares de Platão

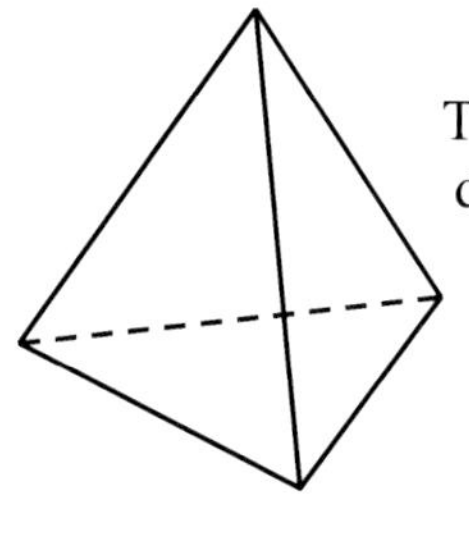

Composto de quatro triângulos equiláteros

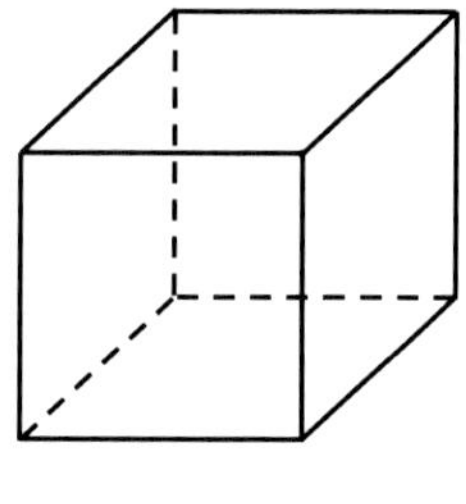

Composto de seis quadrados

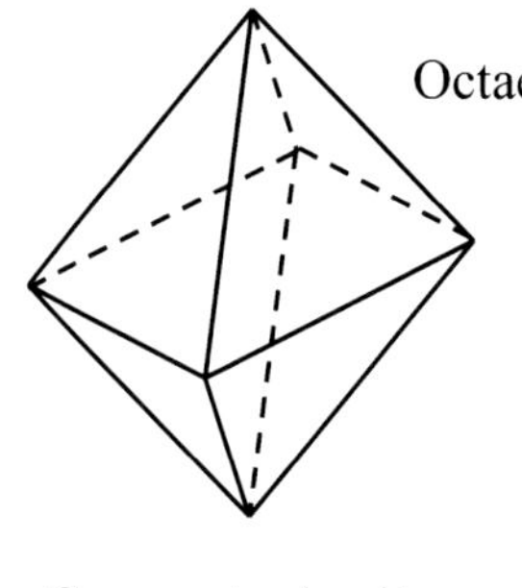

Composto de oito triângulos equiláteros

Algumas pedras preciosas são lapidadas nesses formatos.

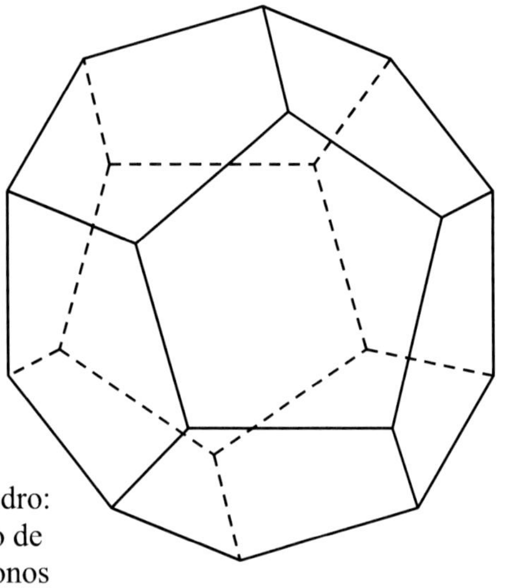

Dodecaedro: composto de 12 pentágonos regulares

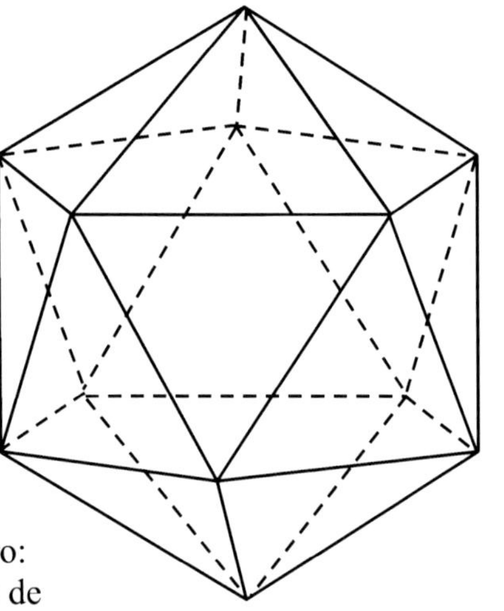

Icosaedro: composto de 20 triângulos equiláteros

5.2 Classificação dos poliedros, quanto ao número de faces. Poliedros irregulares

Tais e quais os polígonos, os poliedros também utilizam prefixos com palavras de origem grega, como mostrados no quadro a seguir.

Nº de faces	Classificação
4	Tetraedro
5	Pentaedro
6	Hexaedro
7	Heptaedro
8	Octaedro
9	Eneaedro
10	Decaedro
11	Undecaedro
12	Dodecaedro
20	Icosaedro

Excetuando-se os cinco poliedros de Platão, que são regulares, os demais são obrigatoriamente irregulares, ou seja, com faces de diferentes polígonos, como mostrados a seguir.

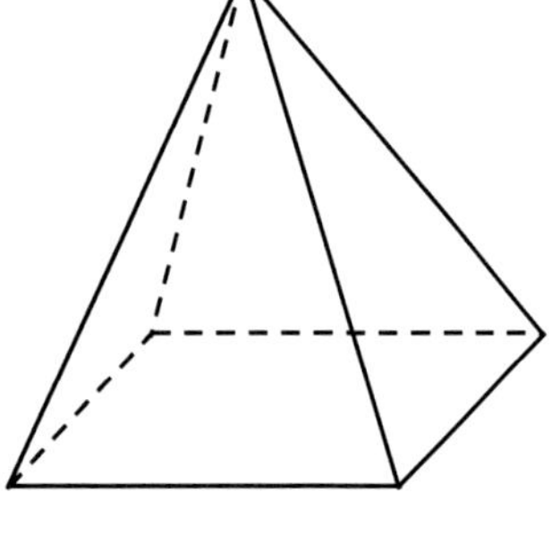

Pirâmide reta de base quadrada (pentaedro): Composta de um quadrado e quatro triângulos isósceles.

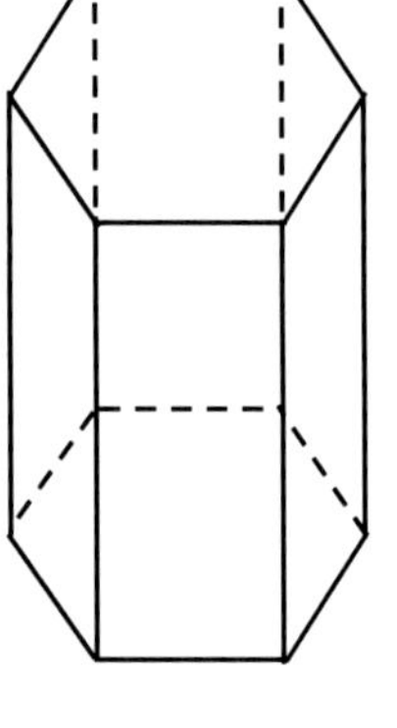

Prisma reto de base hexagonal: composto de dois hexágonos e seis retângulos.

Para uma melhor visualização os: eneaedro, decaedro e undecaedro, serão mostrados em outras posições.

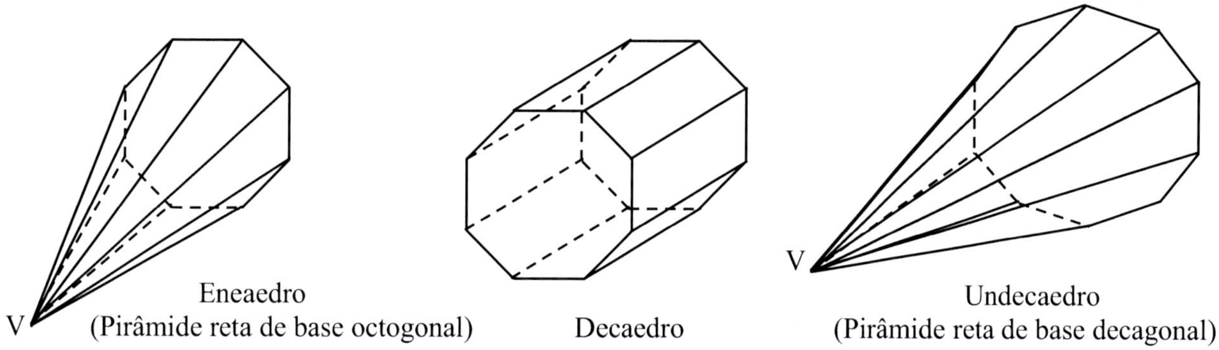

Eneaedro (Pirâmide reta de base octogonal) — Decaedro Prisma reto de base octogonal — Undecaedro (Pirâmide reta de base decagonal)

5.3 Conceito de planificação de poliedros, prismas e pirâmides

Planificar significa tornar plano, ou melhor, em duas dimensões (comprimento e largura ou altura) o que está em três (comprimento, largura e profundidade). Especialmente para superfícies poliédricas ocas, o conceito da planificação vem da "desmontagem" de um cubo ou hexaedro como mostrado a seguir.

Cubo montado

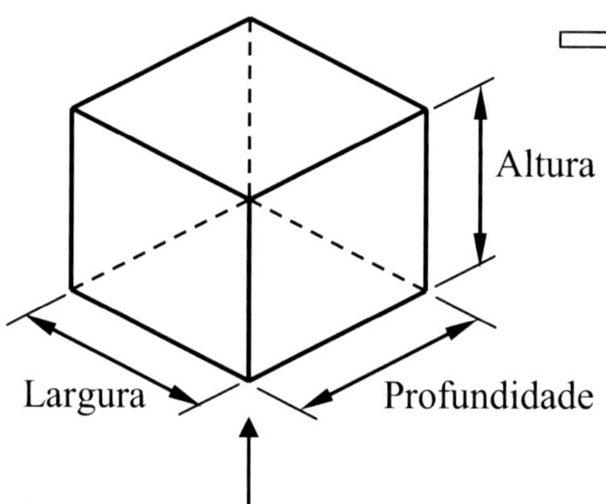

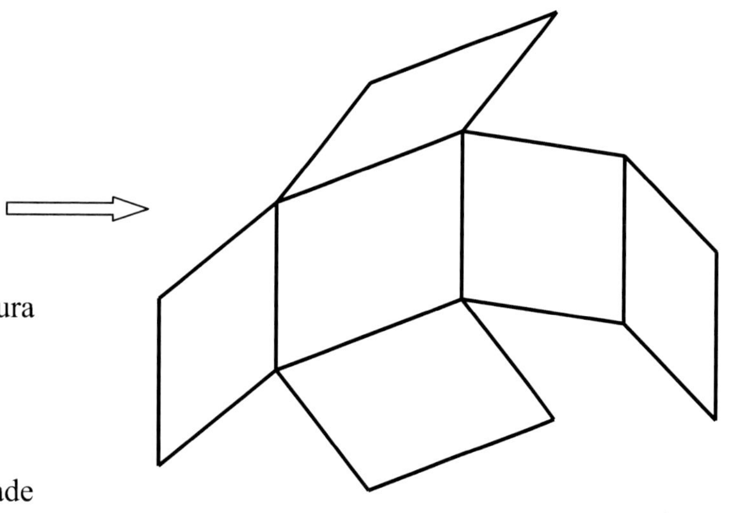

Cubo sendo "desmontado" ou planificando.

Um objeto em três dimensões, passa a ter duas apenas: comprimento e altura.

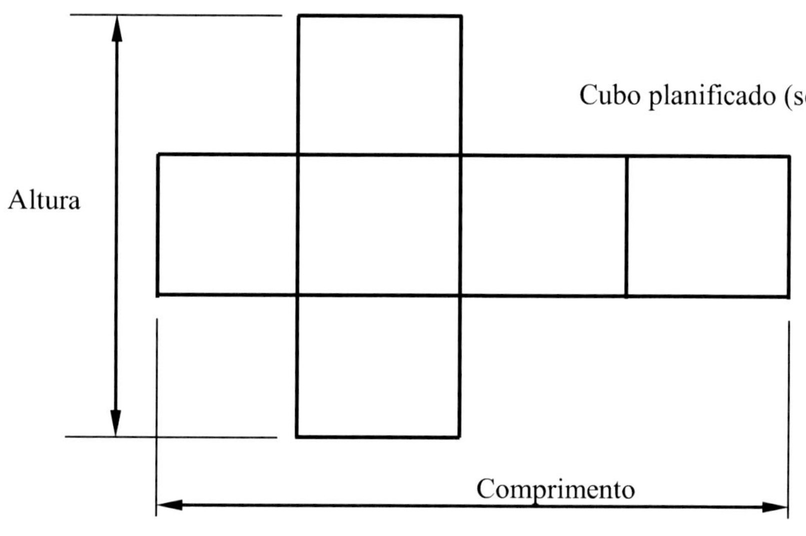

Cubo planificado (seis planos ou seis faces*)

Uma aplicação prática real de um cubo é o dado de jogar, que tem números de 1 a 6, ou seja, seis faces.

5.3.1 Planificação de um tetraedro e de um octaedro (dois dos poliedros de Platão)

Tanto para atividades escolares, quanto para uso na prática, é importante estudar-se a planificação dos poliedros. Por exemplo, imagina-se que se queira construir um octaedro em papelão ou cartolina, como deve-se cortar o papelão, de forma a se ter o menor número possível de uniões, ou seja, com o máximo de dobras possíveis. Observa-se que, como será mostrado, ao planejar a planificação de um poliedro, a ser construído, por exemplo, em papelão, tem-se que deixar determinadas bordas (o mínimo), que permitem a colagem.

O tetraedro tridimensional

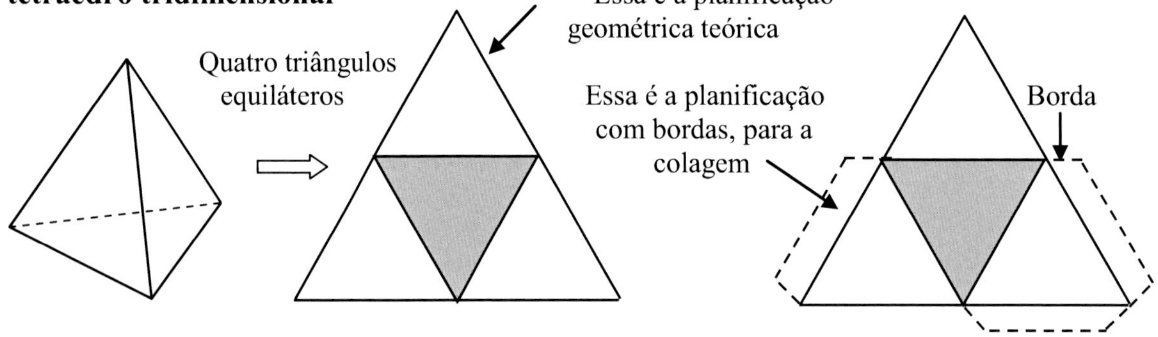

Planificação do octaedro

Oito triângulos equiláteros

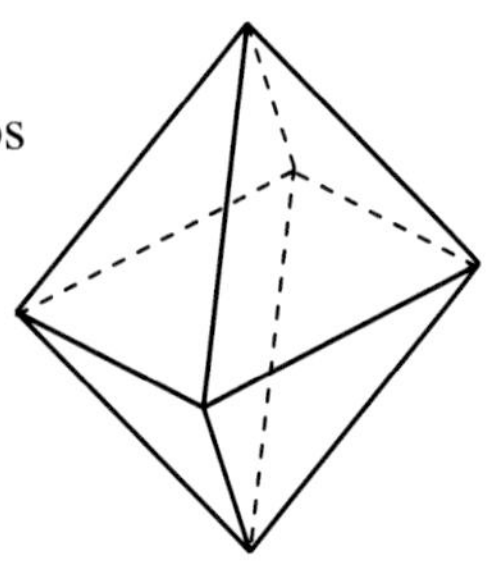

Essa é a planificação geométrica teórica

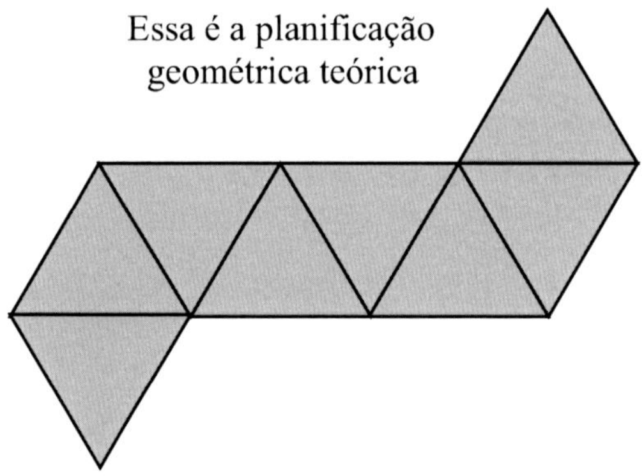

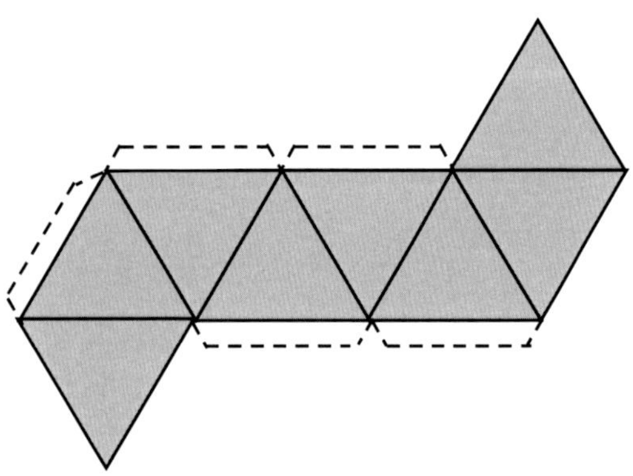

Essa é a planificação com bordas para a colagem.

5.3.2 Planificação de uma pirâmide reta de base quadrada

As planificações de pirâmides e seus troncos, têm várias aplicações práticas como, por exemplo, em embalagens e caixas em papel e papelão, bem como equipamentos no formato piramidal, fabricados a partir de chapas metálicas soldadas. Também são utilizados em Arquitetura e nas Artes Plásticas.

São cinco faces: um quadrado (base) e quatro triângulos.

H = altura da pirâmide
h = altura dos triângulos de faces

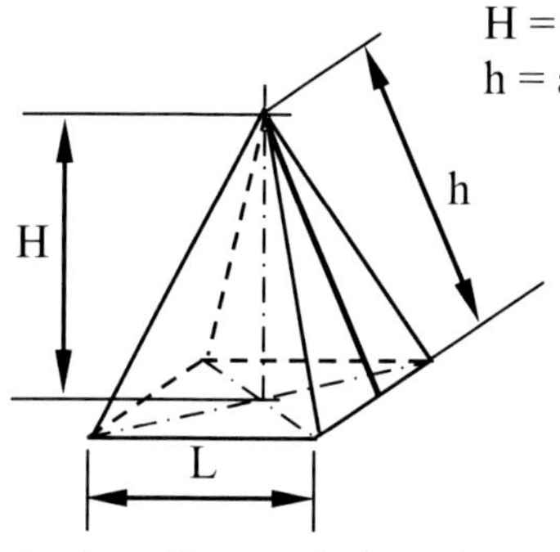

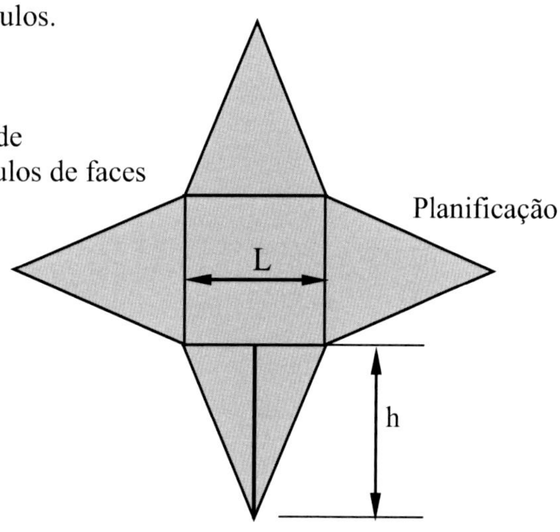

L = lado do polígono da base (um quadrado)

5.3.3 Planificação de prismas

Prisma é um sólido geométrico delimitado por faces planas, no qual as bases se situam em planos paralelos. Quanto à inclinação das arestas laterais, os prismas podem ser retos ou oblíquos. As bases dos prismas são regiões poligonais iguais (polígonos iguais).

Planificação de um prisma reto triangular

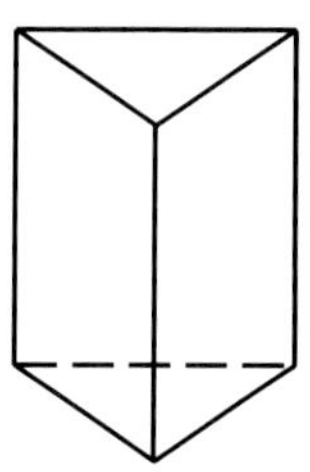

Prisma reto triangular (Tridimensional)

Planificação Geométrica

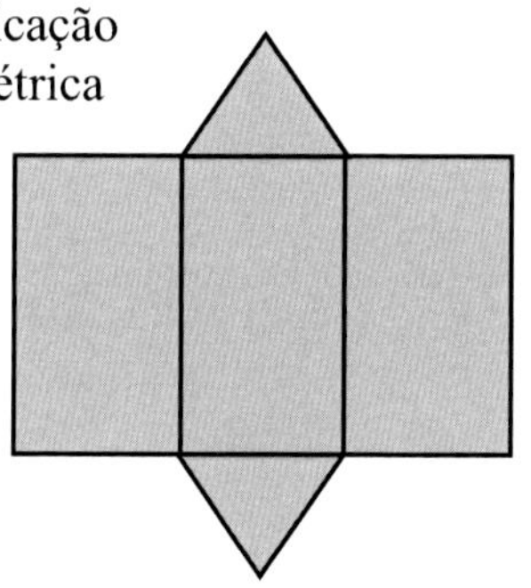

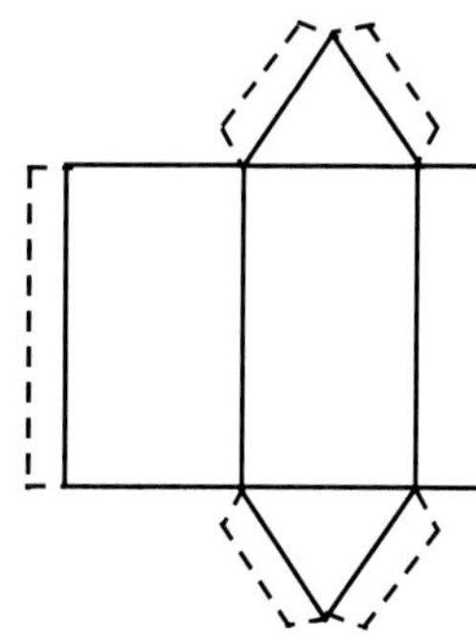

Planificação com bordas para colagem

Planificação de um prisma reto de base hexagonal

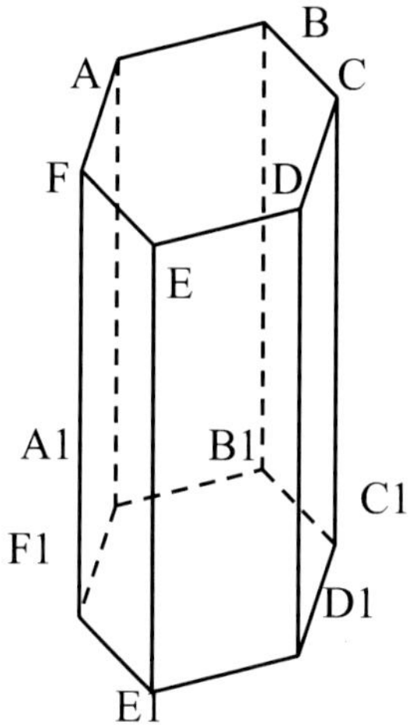

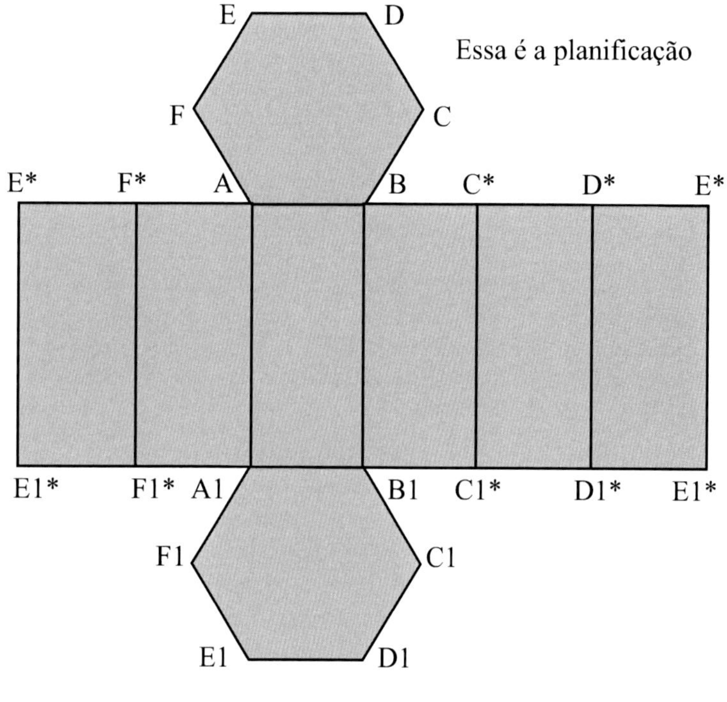

5.4 Exercícios resolvidos

5.4.1) A imagem a seguir, de uma superfície poliédrica, representa uma pirâmide reta de base quadrada, posicionada no topo de um cubo ou hexaedro. Sabendo que a superfície é oca e que deve ser dobrada e colada a partir de folhas de cartolina, desenhe a planificação da superfície, para que se possa cortar as folhas de papelão nos tamanhos exatos.

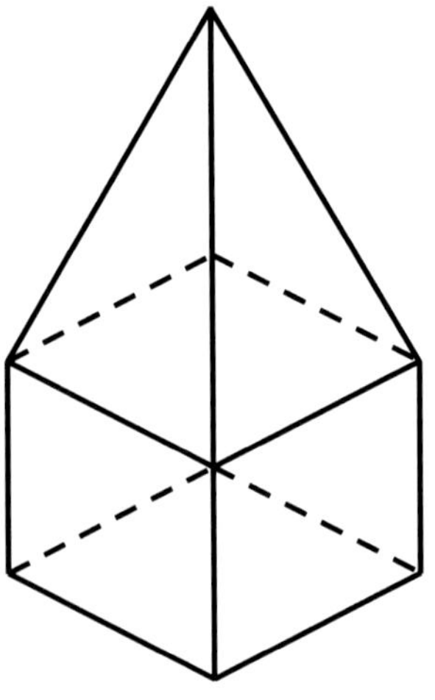

Raciocínio lógico geométrico espacial: a planificação dessa superfície envolve a planificação de um cubo, sem a face superior, ou seja, com cinco faces e não seis, bem como a planificação de uma pirâmide reta de base quadrada, sem a face de base, ou seja, com quatro faces.

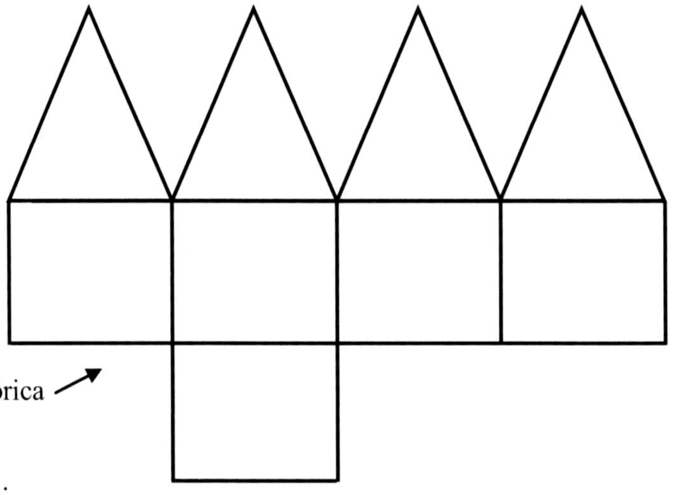

Essa é a planificação geométrica teórica

Para a colagem tem que ser previstas bordas:

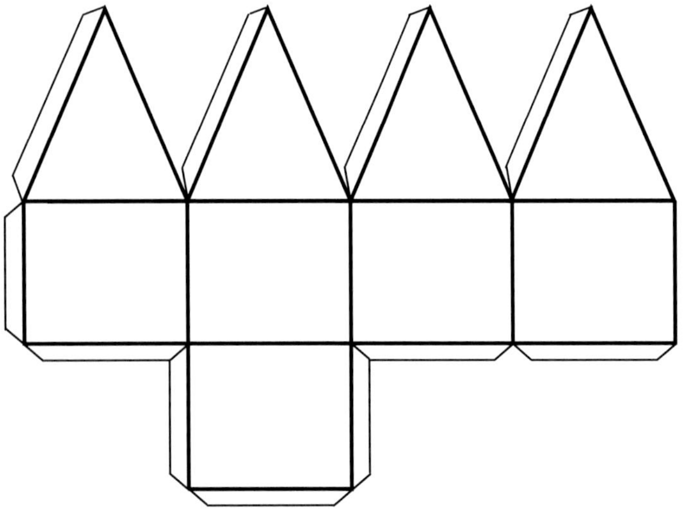

É importante citar que esse tipo de superfície pode ter aplicações práticas em Arquitetura, no *Design* e nas Artes.

A previsão de quantas bordas e onde, deve ser feita de modo a que não sobrem ou faltem bordas. Nesse caso, existem nove planos a serem dobrados. Na parte da pirâmide, são quatro triângulos a serem colados, portanto só necessitam quatro bordas, pois as bases serão apenas dobradas, sendo o lado superior dos quadrados. Na parte do cubo são cinco quadrados, mas só quatro serão colados, pois um é apenas dobrado e junto com o quadrado do fundo.

5.4.2) Fazer a imagem tridimensional de uma pirâmide reta de base quadrada, com altura de 6 cm e base com lado igual a 2 cm.

A representação tridimensional de poliedros, normalmente é estudada na Disciplina Geometria Descritiva, no conteúdo das perspectivas, abordada no 1º ano do Ensino Médio. Nesse exercício, será feita uma aproximação da imagem pedida, de forma que o aluno do 6º ano do Ensino Fundamental já desenvolva a percepção de uma terceira dimensão, ou seja, saia do bidimensional e vá para o tridimensional.
No exercício em pauta, a base será "desenhada" na chamada perspectiva isométrica*, a partir de um paralelogramo de lado 2 cm, exatamente para dar a "ilusão" da terceira dimensão já que, em verdade o desenho será feito numa folha ou tela bidimensional. Literalmente, é uma ilusão de ótica.

*Na perspectiva isométrica os eixos laterais têm uma inclinação de 30º, em relação a uma linha base horizontal. Teoricamente, para que não haja uma "deformação exagerada", as dimensões em uma perspectiva isométrica sofrem uma redução de 80%, Isso significa que a altura de 6 cm se reduz para 4,8 cm ou 48 mm e o lado de 2 cm se reduz para 1,6 cm ou 16 mm.

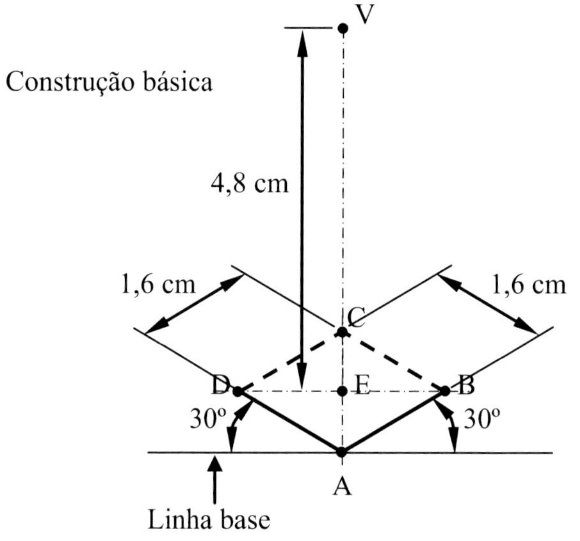

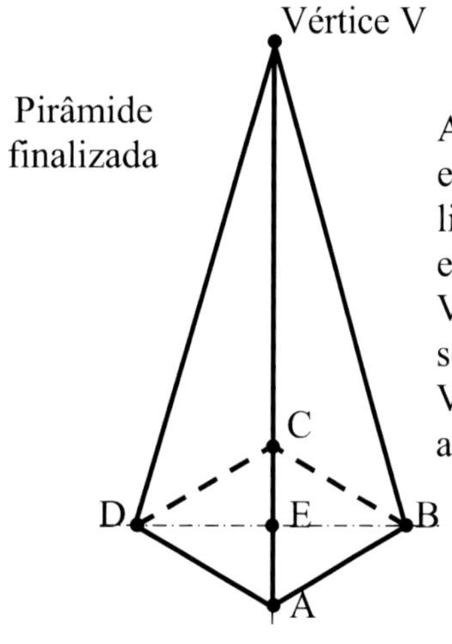

As arestas BC e CD estão desenhadas em linhas tracejadas, pois estão por trás das faces VAB e VAD. Pela base ser quadrada, a aresta VC está encoberta pela aresta VA.

5.5 Exercícios propostos

5.5.1) Desafio: qual a imagem, ou melhor, figura geométrica, que se vê, quando se olha a pirâmide finalizada anterior, quando se olha do vértice para baixo?

5.5.2) Usando cartolina colorida, desenhe a planificação do octaedro a seguir, considerando cada triângulo retângulo de lado igual a 8 cm. Observa-se que, para o fechamento da colagem exige-se atenção e paciência, pois o papel utilizado tem a tendência de voltar ao seu estado original plano.
A planificação do octaedro, que é um dos poliedros de Platão, envolve o desenho de oito triângulos equiláteros, que podem ser desenhados ou com o compasso ou com o par de esquadros.

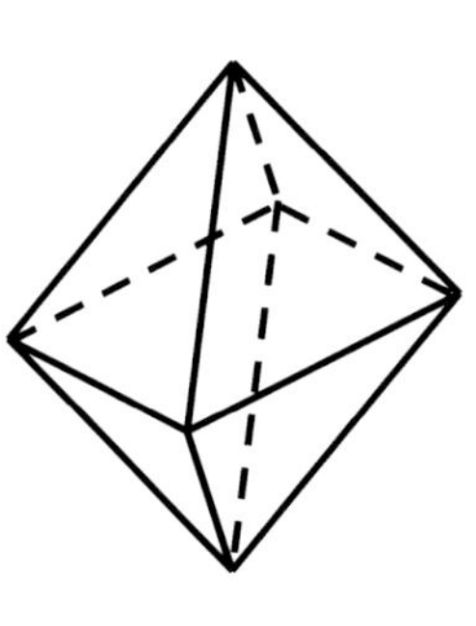

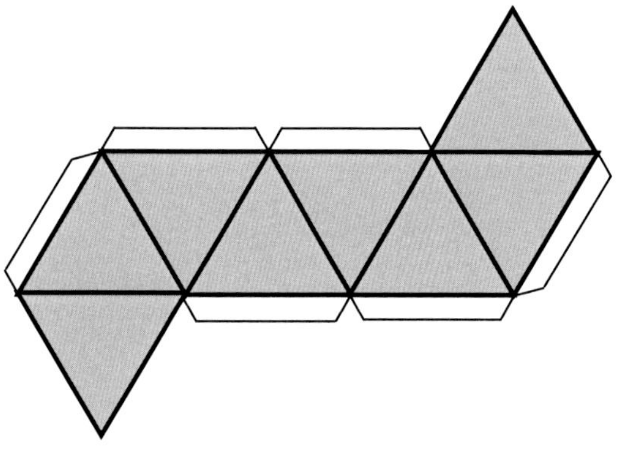

5.5.3) Baseando-se nos conceitos do exercício 5.4.2, desenhe uma pirâmide de altura 7 cm e base retangular medindo 2,5 cm por 4 cm. Observação: coloque a lateral maior equivalente a 4 cm, inclinada para a direita.

Pirâmides do Egito: curiosidades histórica e geográfica

As pirâmides do Egito são túmulos construídos em pedra para abrigar os corpos dos faraós, que eram os reis do antigo Egito. As mais antigas foram construídas há mais de 4.500 anos, ou seja, cerca de 2.500 anos, antes de Jesus Cristo. As pirâmides foram construídas com milhões de blocos de rocha, com cada um pesando em média duas toneladas ou dois mil quilos. Em verdade são pirâmides retas de base retangulares, ou seja, com cinco faces, sendo a base um retângulo e as laterais em triângulos isósceles.

A famosa pirâmide de Gizé tem 146, metros de altura, o equivalente hoje a um prédio de cerca de 49 andares. Pesquisas apontam que essa pirâmide levou entre 14 e 20 anos para ser concluída, tendo sido utilizados entre 30 a 100 mil pessoas em sua construção. Pesquisas mais recentes indicam que, diferentemente do que se acreditava, não foram escravos que construíram as pirâmides, mas sim trabalhadores, que eram muito bem pagos. Tudo leva a crer que, os pesados blocos de rocha foram transportados em um tipo de trenó ou por barco, pelo Rio Nilo.
Observa-se que o Egito é um país africano, no Nordeste do continente africano, tem uma área territorial de cerca de um milhão de quilômetros quadrados e, em 2021 tinha uma população de cerca de 110 milhões de habitantes. Embora faça fronteira com a faixa de Gaza e com Israel, o Egito não é um país do Oriente Médio.

5.6 Fazendo Arte com poliedros

Os poliedros, em especial prismas e pirâmides, permitem a construção de obras de Arte geométrica, principalmente nas áreas da Arquitetura e do *Design*. A seguir são mostradas algumas.

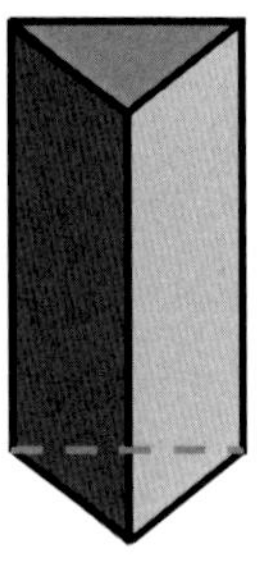

Prisma reto de base triangular

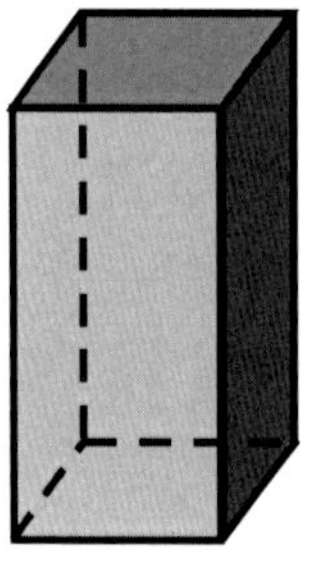

Prisma reto de base quadrada

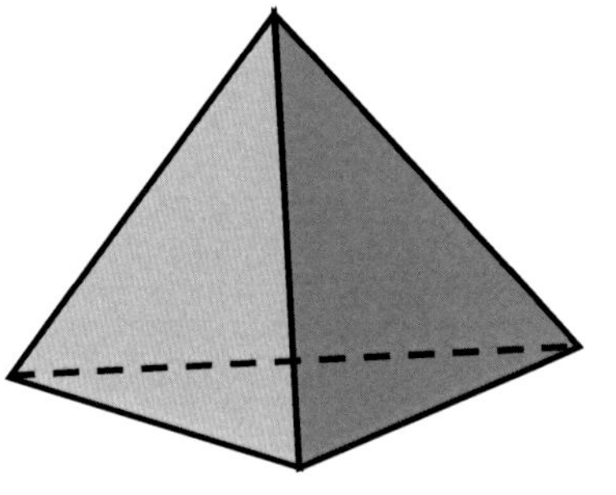

Pirâmide reta de base triangular

Observa-se que é possível a impressão tridimensional de poliedros, em impressoras 3D, nos mais variados tipos e materiais. O importante é criar um programa para tal impressão.

Esculturas a partir da interseção de prismas e pirâmides

As duas últimas interseções de prismas e pirâmides, a seguir mostradas, foram copiadas de antigos livros de Geometria Descritiva (ARUSTAMOV e KRYLOV), citados nas Referências deste livro. Essas interseções, para além de permitir complexas análises matemáticas, podem ser construídas, por exemplo, em concreto armado, com dimensões de metros, podendo gerar esculturas geométricas belíssimas.

Interseção entre prismas retos

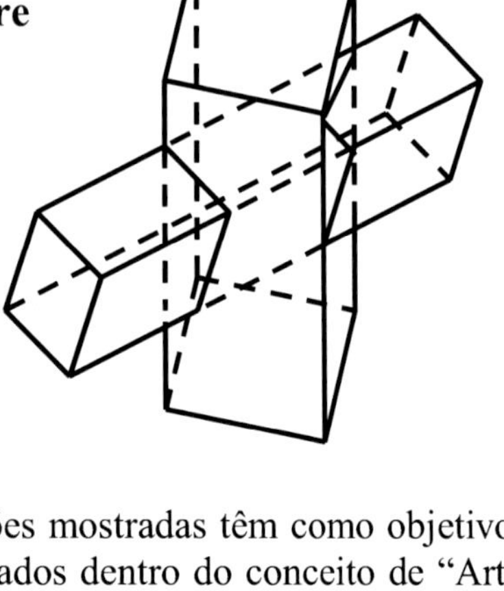

Essa interseção entre um prisma reto de base quadrada, no sentido vertical, com um prisma reto de base retangular, no sentido horizontal, pode representar uma bela escultura em concreto armado*, colocada, por exemplo, em uma praça pública.
*Concreto armado é uma massa mistura de areia, cimento e brita (pedra), reforçada com vergalhões internamente. Quando uma estrutura em concreto não tem vergalhões, fala-se cimento magro.

As três interseções mostradas têm como objetivo mostrar a alunos do Ensino Fundamental, como poliedros podem ser utilizados dentro do conceito de "Arte Geométrica". As análises matemáticas dessas interseções são estudadas na disciplina Geometria Descritiva, no nível superior, por exemplo, em cursos de Arquitetura.

Interseção entre pirâmides oblíquas de bases triangulares

Este tipo de escultura pode, por exemplo, ser construído ou em concreto ou em chapas de aço e ser colocada na entrada de uma faculdade de Arquitetura.

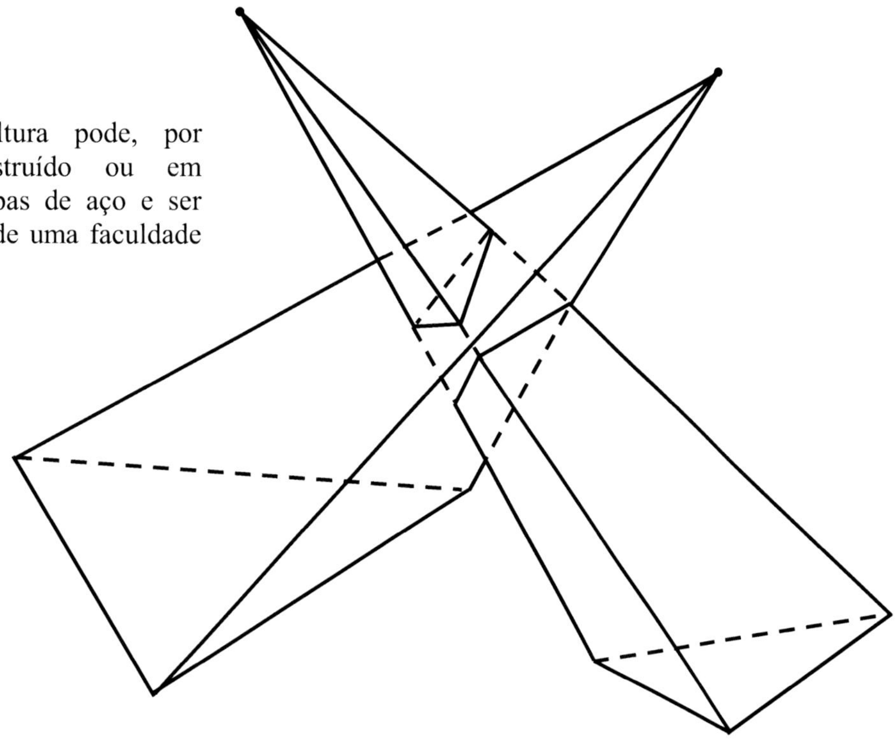

Interseção entre prisma triangular e pirâmide de base quadrilátera irregular

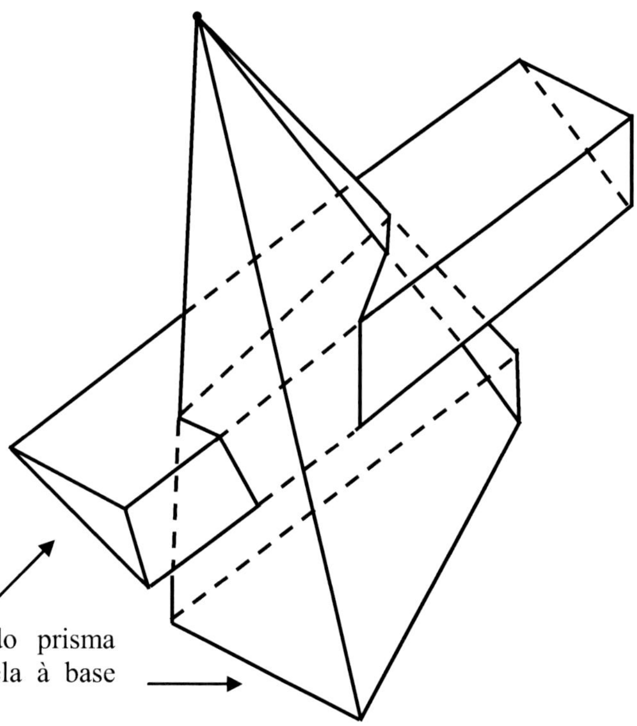

Esta base do prisma não é paralela à base da pirâmide.

Interseção entre prisma e pirâmide de bases triangulares

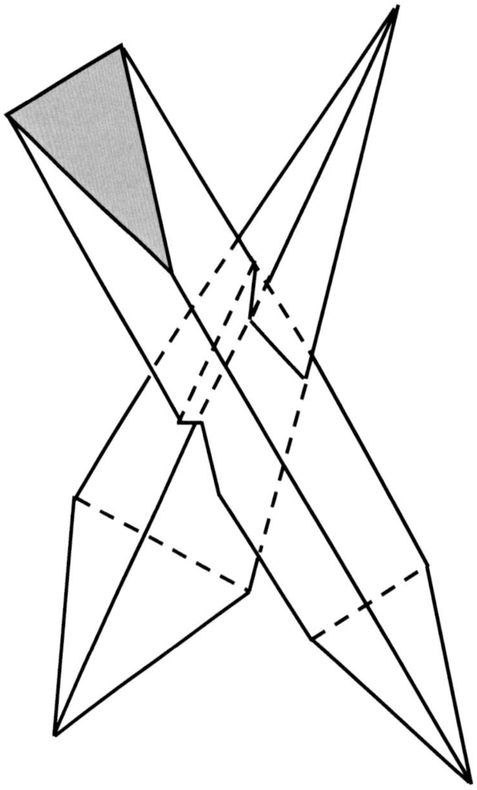

Esta interseção, construída em concreto e sobre uma base hexagonal, pode ser uma bela escultura para ser colocada, por exemplo, em rotundas de rodovias, com entrada e ou saída de determinada cidade.

Capítulo 6
Algoritmo, fluxograma e *Softwares* usados para desenhos geométricos

6.1 O que é um algoritmo? O que é um fluxograma, aplicado ao desenho geométrico?

Do ponto de vista do Desenho Geométrico, um algoritmo pode ser definido como uma sequência finita e lógica de regras, raciocínios ou operações que, aplicada a uma determinada construção geométrica, permite solucionar problemas. Especialmente no capítulos 3, nos conteúdos de triângulos e quadriláteros, em diversos exercícios foram detalhados o passo a passo das construções geométricas. É isso que é apresentado neste capítulo, alguns algoritmos, para a solução de determinados problemas de Desenho Geométrico, aplicados no nível do 6º ano do Ensino Fundamental.

Em termo simples e popular, um algoritmo pode ser pensado como uma "receita de bolo ou comida", com a descrição dos produtos a serem usados e detalhes do preparo. Numa receita de bolo o algoritmo detalha: os ingredientes, a ordem que eles devem ser colocados, o modo de preparo e o resultado, que varia conforme a execução das ações.

Uma vez que um algoritmo esteja completo, ou seja, nos seus mínimos detalhes, é possível projetar ou criar um programa de computador ou *software* (através de programação), para resolver um determinado problema.

Fluxograma ou diagrama de fluxo é um desenho (com símbolos geométricos) que mostra a sequência lógica de um algoritmo. Ou seja, de forma resumida, pode-se afirmar que algoritmo é a parte escrita e fluxograma é a imagem com símbolos específicos, para a execução de uma construção ou Desenho Geométrico.

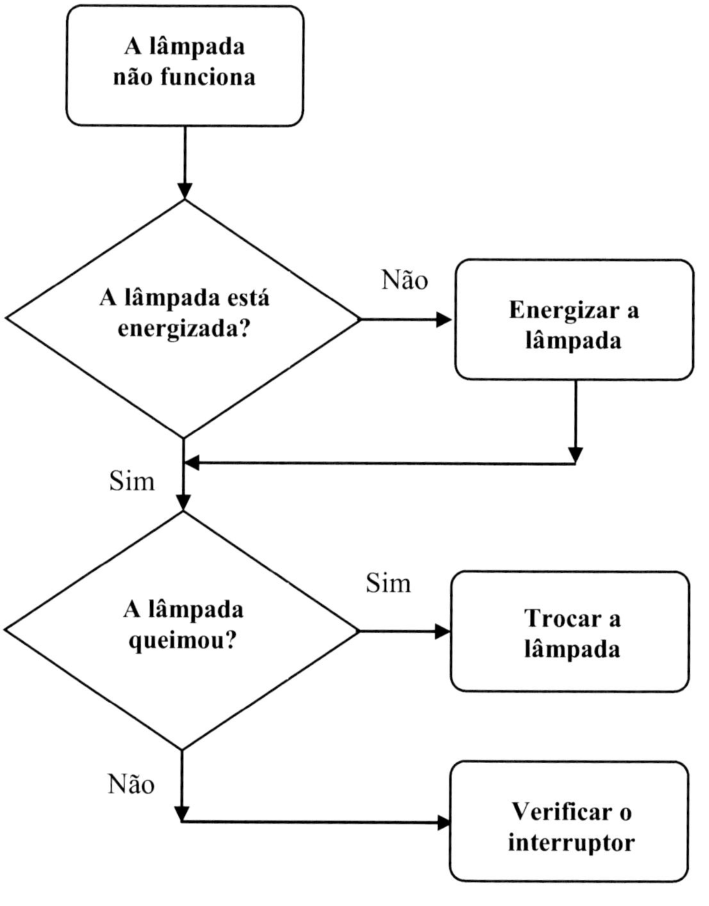

Exemplo de um algoritmo, com o seu fluxograma, para a seguinte situação: uma pessoa aciona o interruptor e uma lâmpada não funciona. O que houve? O que deve ser feito para a lâmpada funcionar?

Observa-se que existe toda uma sequência lógica, para se entender o que pode ter ocorrido.

Neste caso, pode-se pensar da seguinte forma: antes de comprar uma lâmpada nova, deve-se ter certeza de onde está o problema, pois, uma vez que a lâmpada está energizada, o problema pode estar ou na lâmpada, que pode estar queimada ou no interruptor que pode ter tido algum problema. O exemplo aqui pára na verificação do interruptor, mas na prática, o problema só termina, após se ter certeza que o novo interruptor está funcionando, até porque pode acontecer do interruptor ter tido problema de fabricação.

Para quê serve um algoritmo?

Para registrar o processo de solução de um problema, bem como para que outra pessoa possa resolver o mesmo problema, sem ter que pensar e refazer a sequência lógica das atividades.

6.2 Símbolos Básicos usados em fluxogramas, também aplicados ao desenho geométrico

Observa-se que os símbolos a seguir mostrados foram desenhados usando o programa Word, na seguinte sequência: 1) Ao clicar na barra de ferramentas em "Autoformas", aparecem várias alternativas, dentre as quais a chamada "Fluxograma"; 2) Clicando em "Fluxograma" aparecem vários símbolos, dentre os quais os quatro primeiros adiante mostrados. O símbolo da seta pode ser obtido clicando diretamente na imagem de uma seta na barra de ferramenta e 3) Ao clicar em um dos símbolos aparece na tela uma cruz, que pode ser movimentada para qualquer posição da "folha" configurada em tela. Uma vez definido onde se quer o desenho do símbolo, basta manter o mouse pressionado que aparece o símbolo escolhido. Para alterar as dimensões do símbolo basta clicar sobre ele, aparecendo várias "bolinhas brancas", permitindo alterar as medidas. Para alterar a posição do símbolo pode-se clicar sobre o mesmo e correr com o mouse ou clicar, marcando o símbolo, e depois movimentado para cima ou para baixo ou para a direita ou esquerda, pressionando a tecla Ctrl com um dedo da mão esquerda e ao mesmo tempo pressionando uma das quatro teclas com setas brancas à direita do teclado. Para "apagar" um símbolo, por qualquer motivo, basta clicar sobre a figura e em seguida digitar "Delete".

A forma de "pílula" representa o início e o fim de uma atividade: 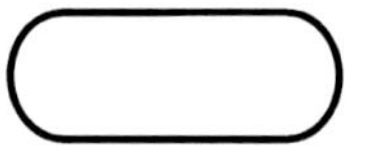

A forma retangular representa um processo ou atividade: 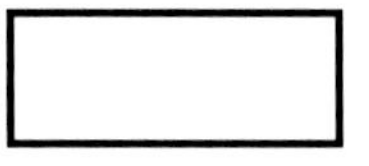

A forma do paralelogramo representa a entrada e a saída da informação: 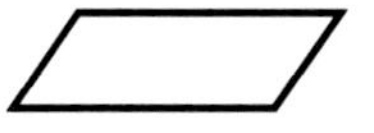

A forma do diamante representa uma decisão: 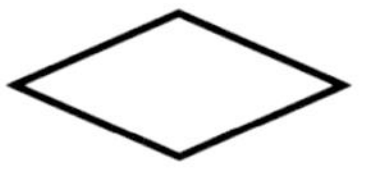

A forma de seta representa o fluxo da sequência de atividades e decisões: 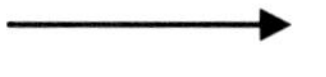

6.3 Exemplo de um algoritmo baseado em um exercício de desenho geométrico: desenho de um triângulo retângulo

O algoritmo a seguir detalhado atende à Habilidade EF06MA23, da Área Temática "Geometria", da Base Nacional Comum Curricular – BNCC.

Projetar (ou planejar) um algoritmo para desenhar um triângulo ABC, com a base AB horizontal e o vértice C acima do lado AB, sabendo que os lados medem: AB igual a 4 cm; AC igual a 5 cm e BC igual a 3 cm. O vértice A fica à direita e o B à esquerda.

Essa construção geométrica foi resolvida no parágrafo 3.5.2, com o triângulo com a seguinte imagem:

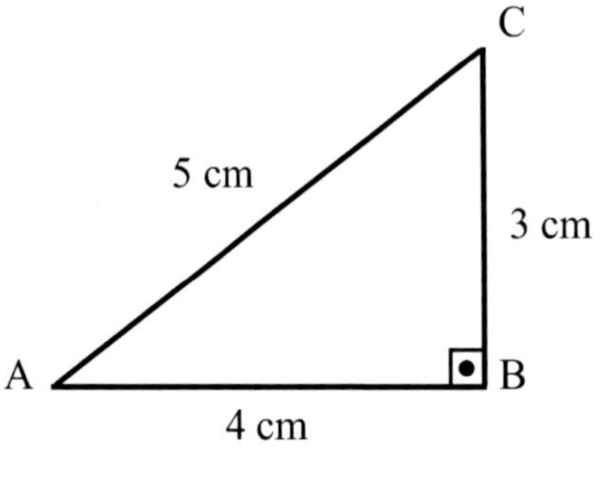

Observa-se que esse problema se refere ao desenho de um triângulo, quando são conhecidos os valores dos seus lados.

O raciocínio lógico geométrico, para uma solução deste problema, ou seja, um algoritmo, compreende os seguintes passos sequenciais:

1º Passo: determino onde será localizado o vértice A;
2º Passo: traço um segmento horizontal, a partir de A, para a direita (e maior do que 4 cm);
3º Passo: usando a ponta seca do compasso centrada no ponto A, traço um pequeno arco, para a direita, cortando a linha horizontal, determinando a localização do ponto B, sobre o segmento horizontal;
4º Passo: apago o excesso de comprimento do segmento horizontal, deixando só o segmento AB = 4 cm;
5º Passo: com a ponta seca do compasso centrada no vértice A, abro o compasso com 5 cm e traço um arco, para cima e da direita para a esquerda. (Como é maior do que 4 cm, esse arco não corta o lado AB);
6º Passo: com a ponta seca centrada no vértice B, abro o compasso com 3 cm e traço um pequeno arco que, ao cortar o arco do passo anterior, determina o ponto C
7º Passo: uno os pontos A e B, determinando o lado BC;
8º Passo: uno os pontos A e C, determinando o lado AC;
9º Passo: termino o triângulo ABC, apagando as linhas em excesso.

A seguir é mostrado, passo a passo, a construção geométrica do triângulo ABC:

A• 1º Passo

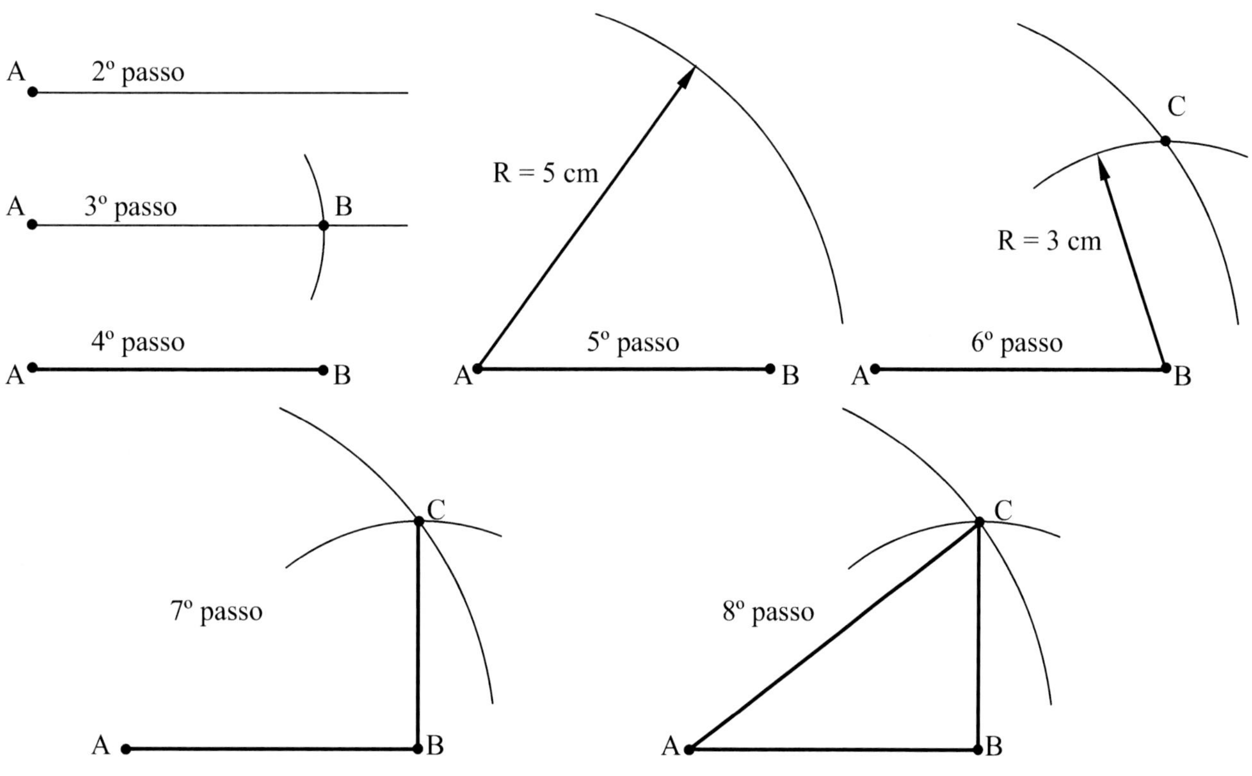

9º passo: o triângulo finalizado.

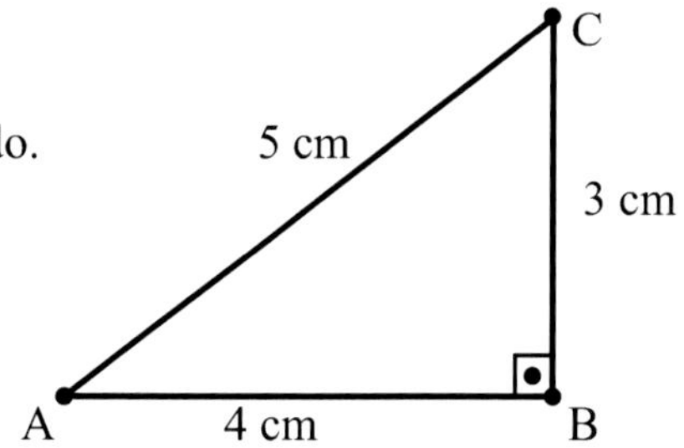

Um grande desafio é projetar um algoritmo, para ser transformado em um software, capaz de desenhar qualquer tipo de triângulo, com quaisquer valores de lados.

Esse triângulo é o tipo pitagórico, como visto no capítulo 2.

6.4 O que é a Geometria Dinâmica? *Softwares* que podem ser usados para a prática da disciplina Desenho Geométrico, por alunos do Ensino Fundamental

Antes de detalhar o citado nesse parágrafo, é importante deixar claro que, o ensino e aprendizado do desenho geométrico, especialmente no Ensino Fundamental, tem como objetivo principal o desenvolvimento e aperfeiçoamento das habilidades motoras ou pictóricas e visuais, bem como do raciocínio lógico matemático geométrico. Ou seja, o ensino e aprendizado do desenho geométrico é muito mais do que "ser adestrado" no uso de programas ou *softwares*, capazes de executar com precisão e rapidez, as mais complexas construções geométricas.

Além de ajudar em muito esses desenvolvimentos e facilitar o aprendizado da Matemática, quando se executa um desenho geométrico, usando papel, esquadros, compasso, régua, lápis, transferidor e borracha, em verdade se aumenta a concentração da pessoa. Esta afirmação pode ser comprovada em qualquer escola, de qualquer lugar, pois enquanto os alunos fazem os desenhos, ficam quietos e "imersos" nos seus pensamentos. Essa imersão e concentração, chegam à euforia, quando se utiliza as construções geométricas, por exemplo, para a execução de belas obras coloridas de Arte Geométrica. O capítulo 7, a seguir, mostra isso.

O termo "Geometria Dinâmica" é utilizado para definir programas interativos que possibilitam a criação e manipulação de figuras geométricas a partir de suas propriedades. Esses programas também são utilizados nas geometrias analítica e descritiva, bem como em pesquisas.

Na geometria dinâmica há diversos recursos disponíveis como, por exemplo, uso de cores nos desenhos, sistemas de coordenadas cartesianas e polares, calculadora interna, medição de ângulos, distâncias e áreas. Com programas de geometria dinâmica é possível clicar em um ponto do desenho construído e arrastá-lo pela tela, com o *mouse*, mudando sua configuração. É dessa possibilidade de movimentação que vem o termo geometria dinâmica.

A principal característica da geometria dinâmica é que as imagens podem ser arrastadas na tela do computador, utilizando o *mouse*, possibilitando a transformação de figuras geométricas em tempo real. Com isso, a tela fornece a impressão que o desenho se deforma com o processo de arrastar, enquanto mantém as relações especificadas como essenciais da construção original. Outra característica da geometria dinâmica é permitir rapidez na execução dos desenhos, pois figuras que demorariam muito tempo para serem construídas no papel, com régua e compasso, são criadas no computador em segundos.

Dentre os principais programas de geometria dinâmica os seguintes se destacam: Tabulae, Geogebra, Régua e Compasso, Cabri Géomètre e Cabri 3D. Embora não sejam de geometria dinâmica, os programas AutoCad e Word podem ser utilizados para desenhos geométricos.

O Tabulae é um software de Geometria Dinâmica plana que foi desenvolvido no "Projeto Enibam" do Instituto de Matemática da Universidade Federal do Rio de Janeiro - IM/UFRJ. Esse programa é gratuito.

Geogebra: "Geometria + Álgebra", é um programa austríaco gratuito que reúne Geometria, Àlgebra e Cálculo. De forma geral, podem ser construídos pontos, segmentos de reta, polígonos, circunferências, vetores, gráficos de funções, curvas cônicas (circunferências, elipses, parábolas e hipérboles), que podem ser dinamicamente modificados com um simples movimento do *mouse*. Uma vantagem do Geogebra é a de apresentar duas representações diferentes de um mesmo objeto: a representação geométrica e a algébrica. Esse programa pode ser utilizado em vários idiomas, inclusive português.

Régua e Compasso (CaR) é um programa de Geometria Dinâmica que pode ser baixado gratuitamente. Esse programa possibilita construções dinâmicas e interativas. Após algumas construções, os objetos geométricos podem ser deslocados na tela sem modificação das relações geométricas.

O Cabri-Géomètre II é um *software* educativo específico para o aprendizado da geometria. Foi desenvolvido por Jean-Marie Laborde e Franck Bellemain, no Institut D'Informatique et Mathématiques Appliquées de Grenoble, França. O Cabri possui muitos recursos na construção das figuras geométricas possibilitando movê-las e deformá-las, Permite criar e explorar figuras geométricas de forma interativa através da construção de pontos, retas, triângulos, polígonos, círculos e outros objetos.

Cabri 3D é um *software* de matemática dinâmica tridimensional. Ele foi desenvolvido pela empresa francesa Cabrilog, permitindo a construção em três dimensões e, ao mesmo tempo, tem os benefícios da geometria interativa. Ele oferece uma interface lúdica e intuitiva com ferramentas de visualização 3D, que muito facilitam o ensino/aprendizado da geometria.

6.4.1 O Word usado como *software* para a prática do desenho geométrico

Embora não seja um programa de Geometria Dinâmica, o Word possibilita de forma fácil e prática, a construção de muitos desenhos geométricos. Uma comprovação dessa afirmativa é que: "todos os desenhos contidos nesse livro foram feitos usando o Word".
Embora não pareça e não seja muito difundido, o Word possuí diversos recursos para desenhar. Nas próximas páginas são citadas e mostradas várias maneiras para a prática do desenho geométrico, com o Word.

Desenhando formas geométricas

Ao clicar no ícone "Autoformas", dentre outras, aparecem as seguintes opções: Linhas, Formas básicas, Setas largas, Fluxograma e Estrelas e faixas.

Linhas: permite o desenho de: curvas, formas livres e rabiscos, como a seguir mostradas:

Curvas

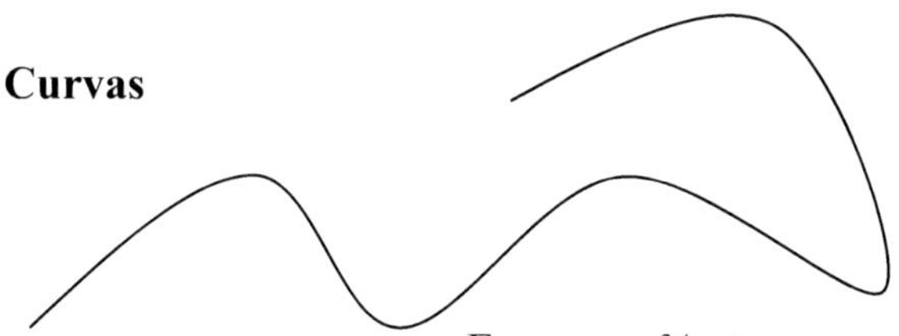

Espessura ¾ pt

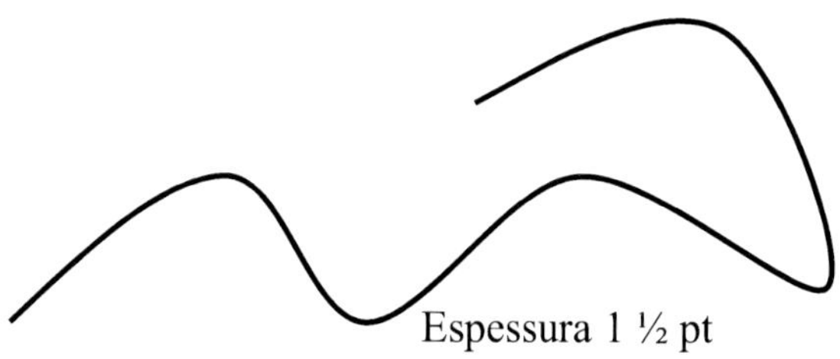

Espessura 1 ½ pt

Com um pouco de treino, qualquer pessoa, adquire habilidades para desenhar as mais variadas curvas. Pode-se utilizar as mais variadas espessuras de linhas, bastando clicar no ícone com várias linhas paralelas horizontais, chamado de "Estilo da linha" => ☰

Formas livres

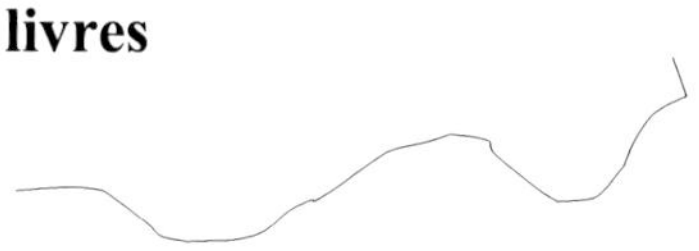

Espessura ¼ pt

Espessura 2 ¼ pt

Rabisco

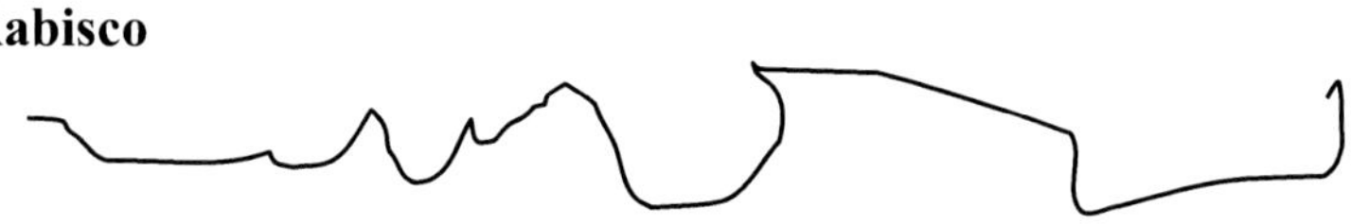

Espessura 1 pt

Formas básicas: permite o desenho de várias imagens, especialmente polígonos, como os adiantes mostrados, observando que podem ser girados, para quaisquer novas posições:

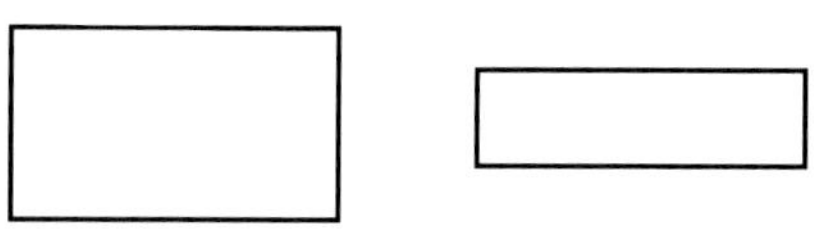

Retângulos ou quadrados, que podem ter suas dimensões alteradas, tanto clicando uma vez na figura e movendo o mouse, quanto clicando duas vezes, abrindo uma janela, permitindo alterar altura e largura, bem como possibilitando inclinar a figura.

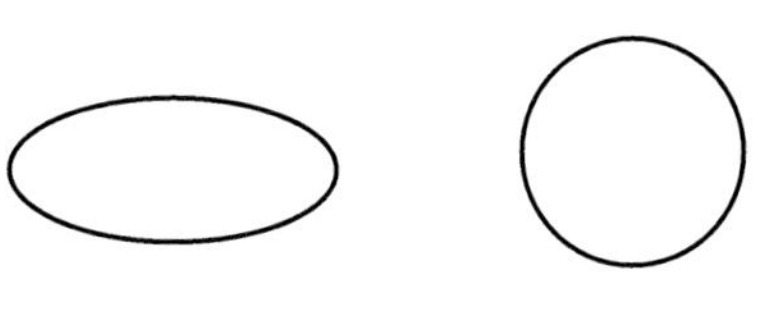

Elipses ou circunferências, também podendo alterar suas dimensões, como já citado. Ao clicar nesse ícone, surge uma elipse que, pode ser alterada para uma circunferência, bastando clicar duas vezes na figura e na janela que se abre basta colocar a altura igual à largura.

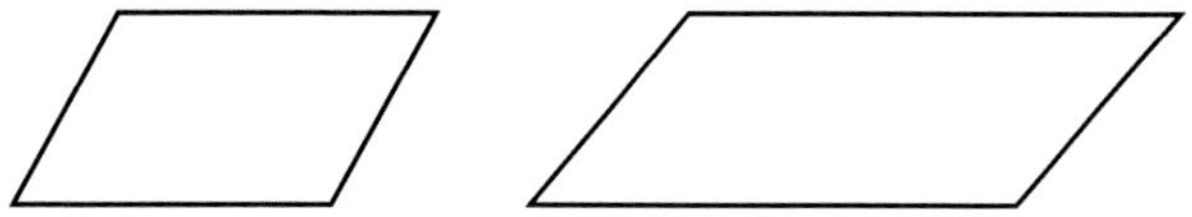

Paralelogramos.

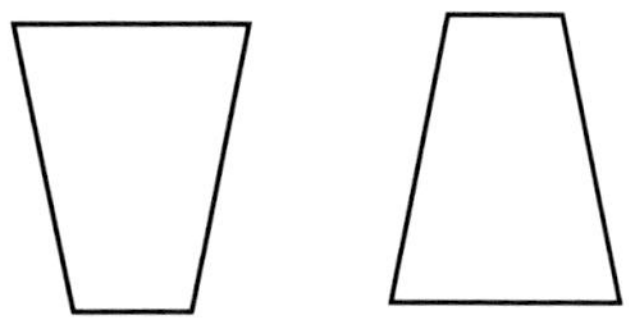

Trapézios, com giro de 180º.

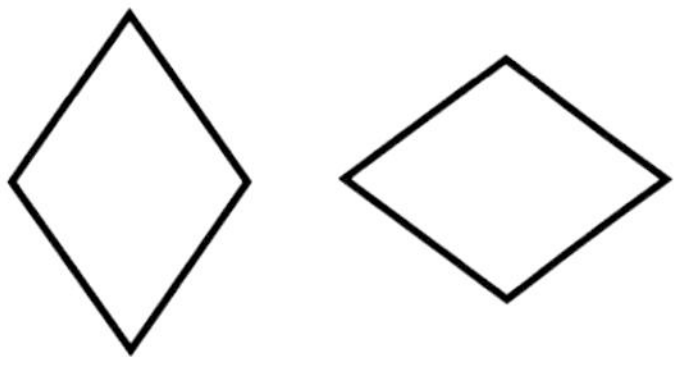

Losangos com giro de 90º.

Triângulos acutângulos e retângulos.

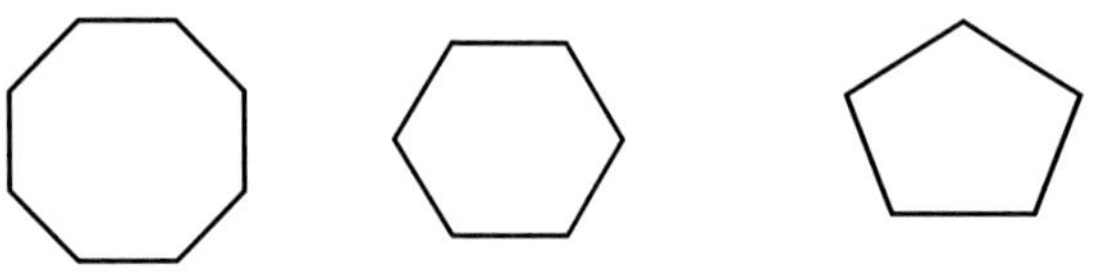

Octógonos, hexágonos e pentágonos.

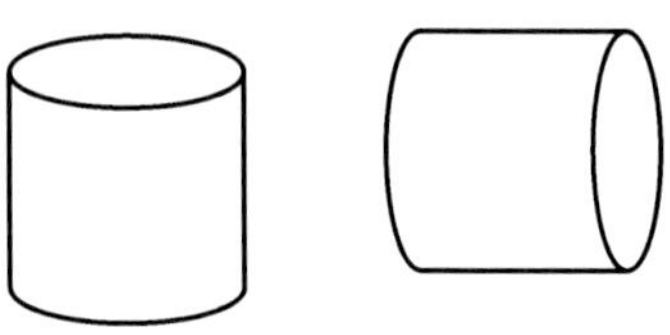

Cilindros.

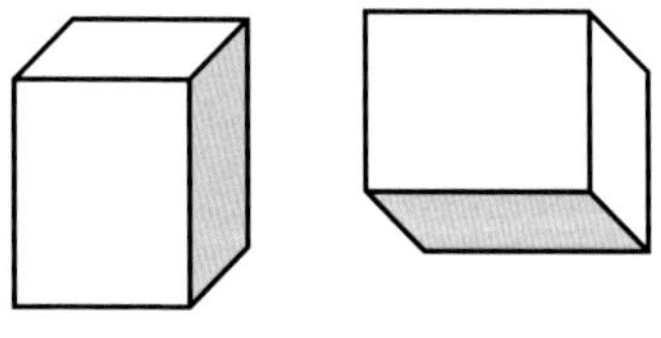

Cubos.

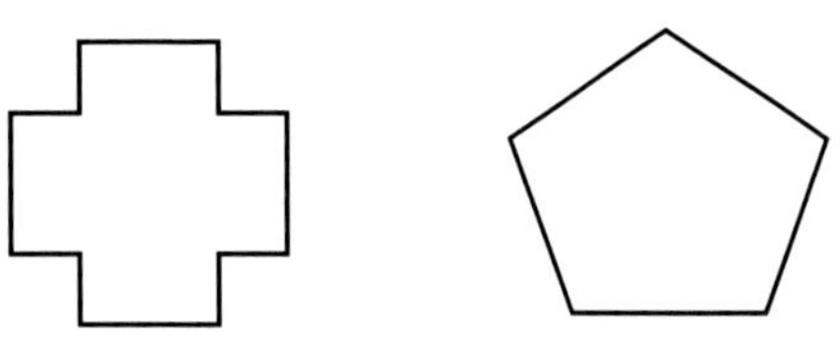

Cruz e pentágono regular.

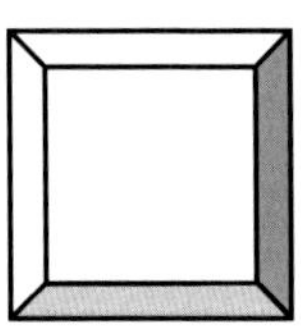

Moldura

Rosto feliz

Sol

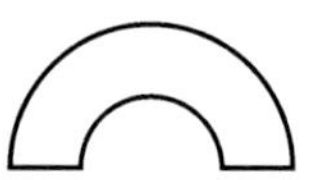

Semi círculos

Lua

Setas largas

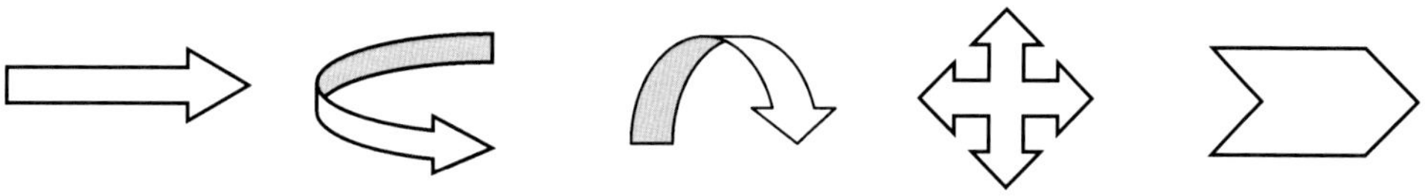

Estrelas

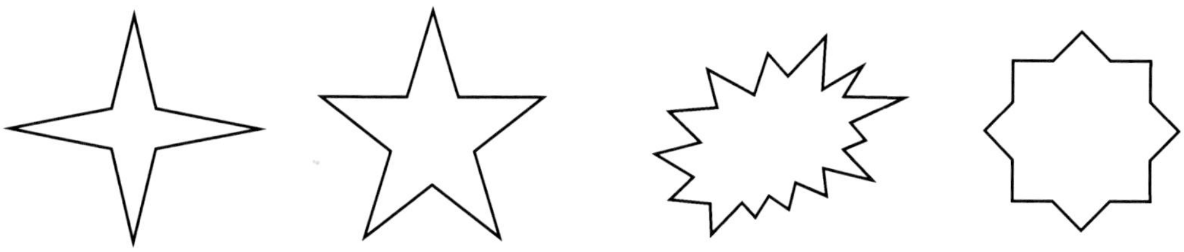

O Word possibilita o uso das seguintes linhas:

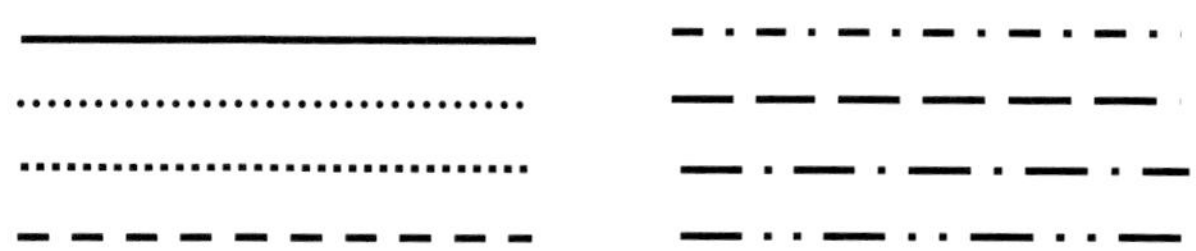

O Word possibilita muitos tipos de de setas, dentre as quais as seguintes:

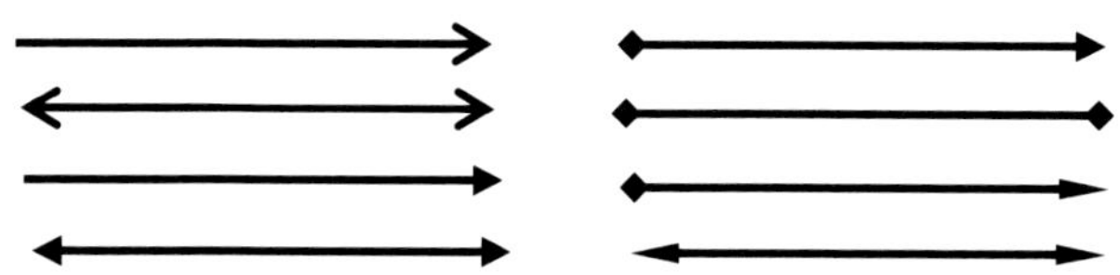

O Word possibilita o preenchimento de figuras, como a seguir mostradas, bastando clicar no ícone de uma lata de tinta sendo inclinada. Existem dezenas de possibilidades de preenchimento incluindo as mais diversas cores e efeitos de preenchimento, como mostradas no capítulo 7.

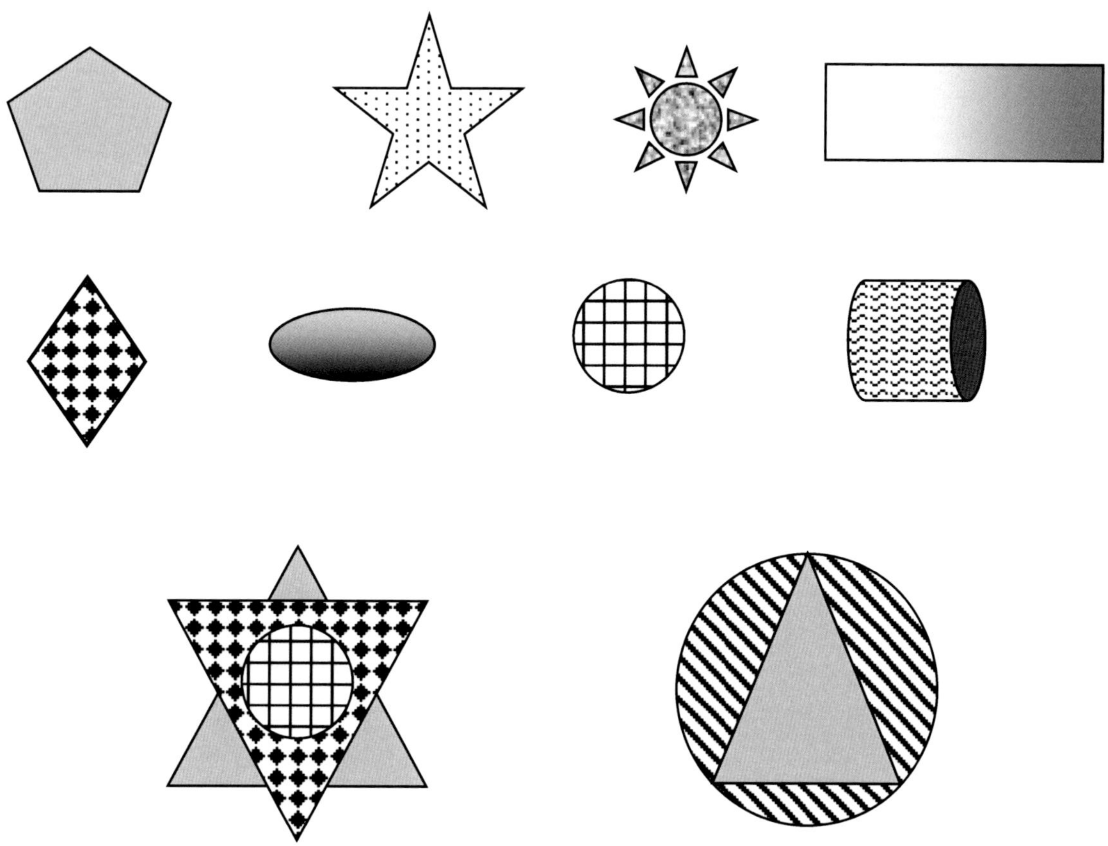

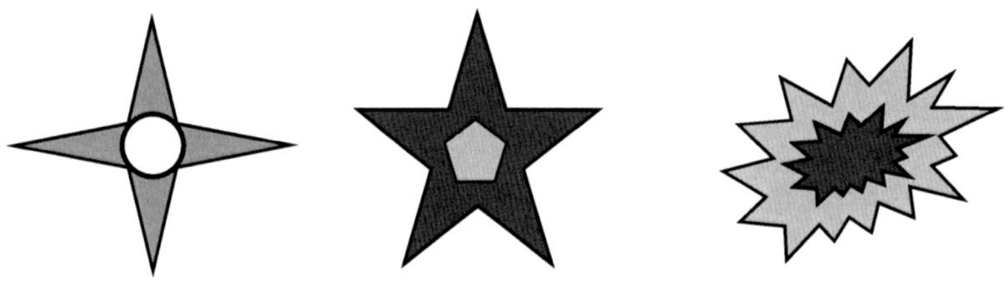

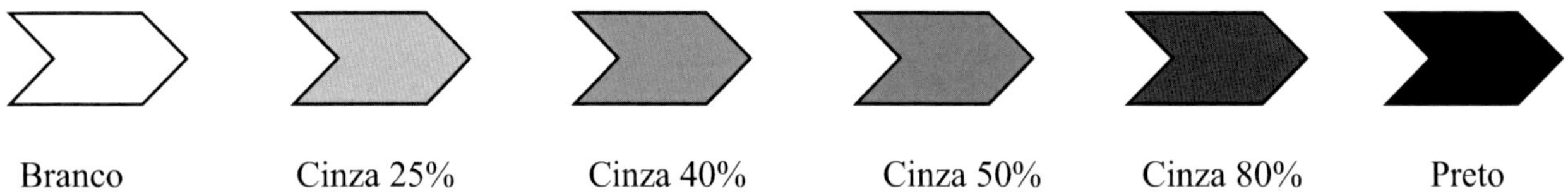

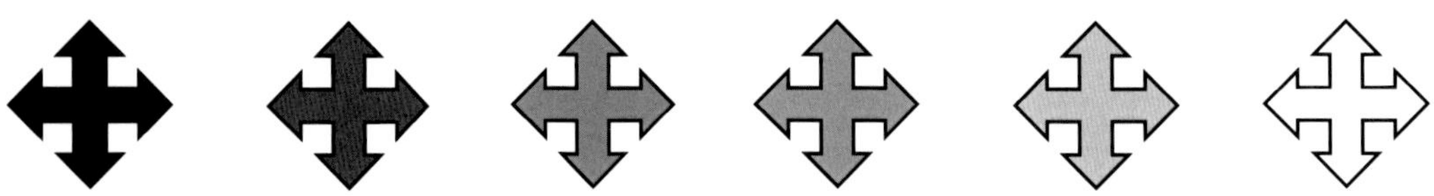

No próximo capítulo mostra vários exemplos de composições de figuras do Word, inclusive com preenchimento em cores, configurando diversos exemplos da bela “Arte Geométrica”.

Capítulo 7
A Geometria Artística ou Arte Geométrica. As cores e seus efeitos

Arte é uma palavra de origem latina, que significa técnica, habilidade natural ou adquirida, maneira de ser ou de agir. Segundo o dicionário Houaiss, arte é a "produção consciente de obras, formas ou objetos, voltada para a concretização de um ideal de beleza e harmonia ou para a expressão da subjetividade humana".
Arte pode ser entendida como a atividade humana ligada às manifestações de ordem estética ou comunicativa, realizada por meio de uma grande variedade de linguagens, tais como: arquitetura, desenho, escultura, pintura, escrita, música, dança, teatro e cinema, em suas variadas combinações. O processo criativo se dá a partir da percepção com o intuito de expressar emoções e ideias, objetivando um significado único e diferente para cada obra. Segundo o poeta e artista plástico brasileiro, Ferreira Gullar (1930-2016), a "Arte existe porque a vida não basta".
Este capítulo teve a orientação da professora Lena Abrantes, licenciada em Educação Artística, Arteterapeuta e professora de Artes da Prefeitura Municipal da Cidade do Rio de Janeiro.

7.1 A Arte Geométrica

Como o próprio nome sugere, Geometria Artística ou Arte Geométrica refere-se ao uso de elementos básicos e conceitos geométricos, de tal forma que, unidos em determinada sequência ou padrão, configura-se no que se pode chamar de "obra de arte". A imagem a seguir, à esquerda, feita a partir da repetição ordenada de losangos, além de poder ser considerada como um fractal*, também pode ser vista como uma "obra de arte geométrica". Outro exemplo clássico é baseado no "quadro", à direita, de Mondrian.

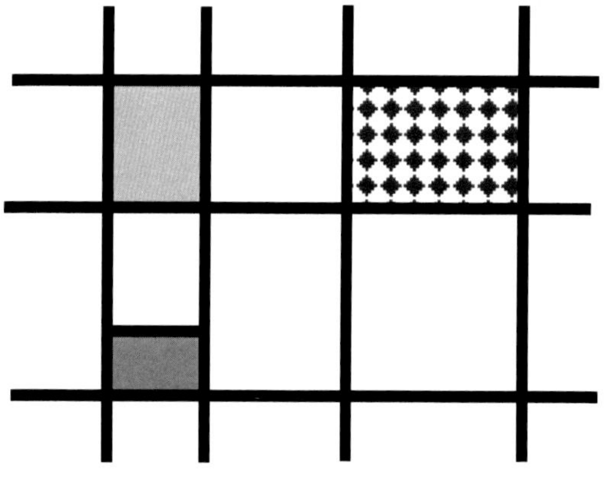

*Um fractal é um objeto geométrico que pode ser dividido em partes, cada uma das quais semelhante ao objeto original.

Muitos pintores famosos, mesmo praticando obras clássicas e ou surrealistas, em alguns trabalhos lançaram mão de elementos geométricos. Dentre os vários famosos, cabe citar Pieter Cornelis Mondrian (1872-1944), que produziu centenas de quadros tipicamente apenas com elementos geométricos simples, mas que, quando preenchidos e combinados com as mais diversas cores, constituíram-se em belas obras de arte, de grande valor artístico. No Brasil, tivemos, e ainda temos, muitos artistas geométricos, podendo ser citados: Paulo Werneck (1907-1987), Lygia Clark (1920-1988), Ivan Serpa (1923-1973), Geraldo de Barros (1923-1998), Hélio Oiticica (1937-1980) e Paulo Roberto Leal (1946-1991). Em 2024, com 64 anos de idade e atuante, a artista plástica Beatriz Ferreira Milhazes, podia ser apontada como uma moderna artista geométrica, sendo sua obra caracterizada pelo uso da cor, de estruturas geométricas, arabescos**, florais e motivos ornamentais.
Além de belos quadros artísticos, a arte geométrica é muito utilizada na decoração de tecidos, produtos industriais e vários objetos domésticos.
**Arabescos são desenhos formados por padrões geométricos que fazem parte da cultura dos países muçulmanos. Podem ser pintados ou esculpidos e são muito usados na arte islâmica, na arquitetura, na tapeçaria e na decoração. A palavra arabesco é italiana e significa "à maneira árabe". Sua origem é do árabe 'arab, que parece significar "habitante do deserto".

7.2 As cores e seus efeitos

De forma geral as cores podem ser classificadas em primárias, secundárias e terciárias. As primárias são: vermelho, azul e amarelo. As secundárias: verde, que é combinação de azul e amarelo, laranja, que é a combinação de amarelo e vermelho e roxo, que é a combinação de vermelho e azul. As cores terciárias advêm da combinação de uma cor primária com uma secundária.

Primárias: { Vermelho, Azul, Amarelo }

Secundárias { Verde => Azul + amarelo; Laranja => Amarelo + vermelho; Roxo => Vermelho + azul }

Exemplos de cores terciárias: vermelho arroxeado (vermelho + roxo), vermelho alaranjado (vermelho + laranja), amarelo esverdeado (amarelo + verde), amarelo alaranjado (amarelo + laranja), azul arroxeado (azul + roxo) e azul esverdeado (azul + verde).

Como é formado e quais são as sete cores do arco-íris

O arco-íris é um fenômeno ótico e meteorológico que ocorre quando há chuva seguida de iluminação solar. Esse efeito acontece devido à dispersão da luz branca em cores do espectro visível da luz. As gotículas de água funcionam como um prisma, a luz penetra dentro das gotas, é refletida em um ângulo de aproximadamente 42º e volta a ser refletida para a atmosfera, encantando os olhos dos observadores, nas seguintes sete cores visíveis: vermelho, laranja, amarelo, verde, azul-céu, anil e violeta. Na realidade, o arco-íris é formado por infinitas cores, e aparece apenas quando o Sol está no lado contrário do observador e com uma altura baixa, como no poente, ou seja, quando o Sol está se pondo.

Vermelho Laranja Amarelo Verde Azul-céu Anil ou índigo Violeta

Estas são as sete cores visíveis pelo olho humano de um arco-íris. Lembra-se que é praticamente impossível se ver estas cores, exatamente como aqui mostradas.

O arco-íris e a dispersão da luz solar num prisma triangular

Quando uma luz, dita branca, incide sobre um prisma reto triangular, ocorre a sua difração, gerando as sete cores do arco-íris.

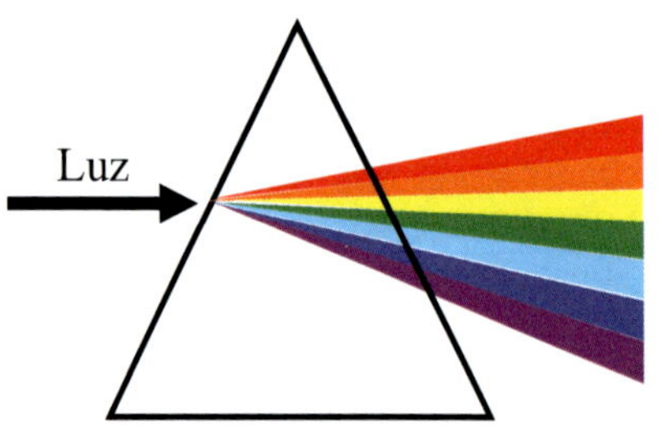

É isso que acontece, mas com experiência em laboratório e sobre controle. Na natureza, com a luz solar, não sendo luz branca e com as gotículas de chuva não constituindo um prisma exato, as cores do arco-íris são dispersas.

Efeitos comportamentais e psicológicos das cores

Pesquisas relacionadas às preferências de cores, relacionadas à compra de produtos, mostram que cerca de metade (50%) da população mundial prefere a cor azul. As outras cores têm percentuais de preferência bem distribuídos, tendo relação com o clima de onde a pessoa vive, seus hábitos culturais e até religiosos. Outra coisa interessante é quanto ao contraste de cores, onde pesquisas indicam que isso ocorre com a combinação do amarelo ouro com o preto. Ou seja, essas são as duas cores que, quando juntas, mais chamam a atenção.
Quanto aos efeitos psicológicos, as cores são classificadas em quentes, frias e neutras. As cores quentes são: amarelo, vermelho, laranja, vermelho alaranjado e laranja amarelado. As frias são: azul, verde, violeta, azul esverdeado, verde amarelado e roxo azulado. As cores neutras são o branco, o preto, e principalmente as lidades do cinza. No entanto, também podem ser neutros todos os demais subtons das outras cores, como as tonalidades mais fracas, afetadas pela mistura com o branco ou o preto, sendo que as mais comuns são o bege e o marrom.

Arquitetos e especialistas em decoração afirmam que o uso das cores neutras é uma forma de deixar a casa mais aconchegante, ampliar visualmente e manter os espaços sempre atuais. Elas são opções amenas e elegantes que, ao contrário do que se pensa, vão muito além dos tradicionais branco e bege. As cores quentes transmitem sensação de calor, alegria e descontração, enquanto as cores frias passam a ideia de calma, tranquilidade e esperança.

7.3 Fazendo Arte com o Word (e com os instrumentos clássicos)

Como visto no capítulo 4, o programa Word possibilita o desenho das mais diversas formas geométricas, inclusive com a opção de usar cores, como preenchimento, permitindo a criação de belas "Obras de Arte Geométrica", como a seguir mostradas.

Mais uma vez observa-se que, embora nesse capítulo o foco seja o Desenho Geométrico usando o *software* Word, é imprescindível que alunos pratiquem a Arte Geométrica com os instrumentos clássicos e usem lápis de cor, para dar mais luz e beleza às Obras de Arte.

Arte com triângulos

Os 12 triângulos maiores, formam um dodecágono externamente.

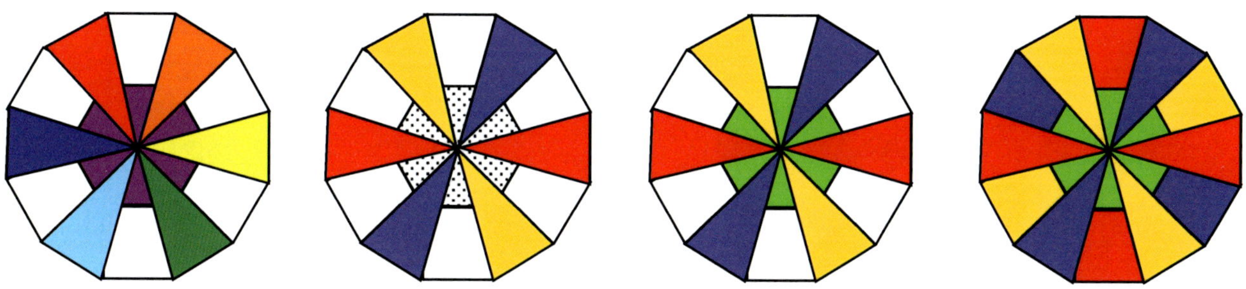

Arte com quadriláteros

Arte com polígonos

Estas duas cores, preto e amarelo, são as que apresentam o maior contraste.

Arte com polígonos estrelados, não coloridos

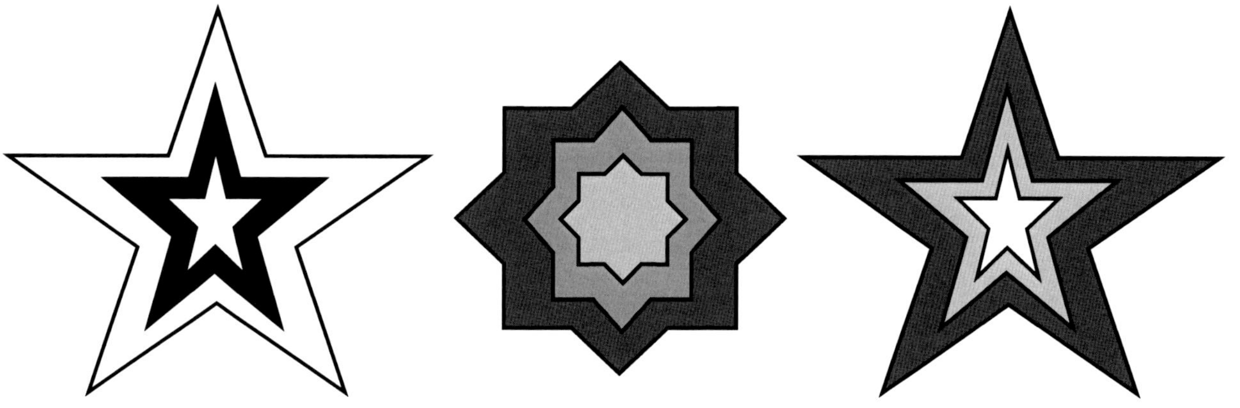

7.4 Fazendo Arte Geométrica com a dobradura de papel ou *origami*

Origami é a arte da dobradura de papel. A palavra é oriunda do japonês, onde *ori* significa dobrar e *kami* significa papel. Essa arte milenar consiste na criação de objetos e formas a partir de um pedaço de papel quadrado ou retangular, sem cortá-lo, onde as faces podem ser de cores diferentes. É muito praticada no Japão. *Kirigami* é outra arte tradicional japonesa de recorte do papel, onde *kiri* significa recortar e *kami* papel. Com essa arte é possível criar representações de determinados seres ou objetos, e até coisas inexplicáveis! Existe uma infinidade de dobraduras de *origami*, aqui serão mostrados três exemplos: um chapéu, um barquinho e um pássaro, ressaltando as formas geométricas que vão surgindo, nesses casos, basicamente triângulos, quadriláteros e alguns polígonos, além de bissetrizes e mediatrizes.

Criando um chapéu

O objetivo é criar esse tipo de chapéu, muito comum em brincadeiras de crianças. O próprio desenho plano já mostra triângulos e quadriláteros. Ao dobrar com folhas de jornais e anúncios de supermercados, o efeito visual é interessante.

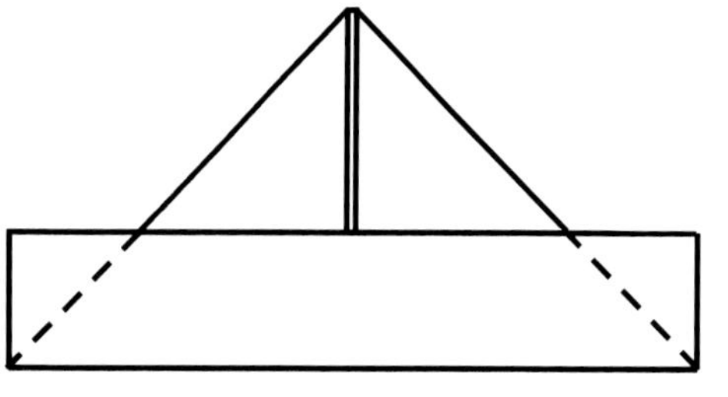

1º Passo: pega-se uma folha retangular, medindo A = 29,7 cm e B = 21 cm, que são as medidas do formato A4. Com a dimensão A = 29,7 cm, colocada na horizontal, dobro ao meio, como mostrado abaixo, ou seja, a ponta "a" vai para a posição "c" e, obviamente, a ponta "b" vai para "d":

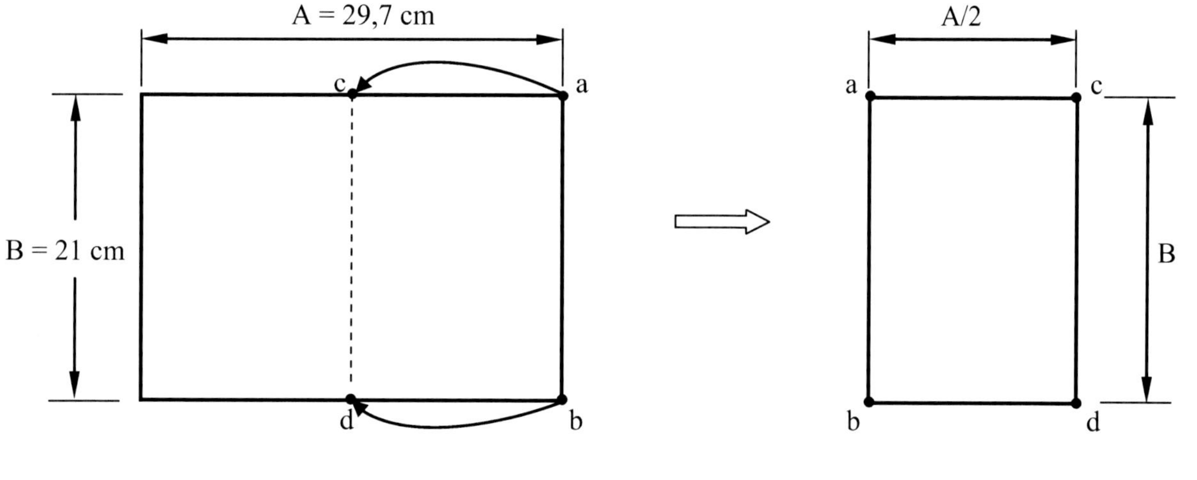

2º Passo: desdobro a folha, voltando à posição inicial e, então, levo a ponta “a” para a posição “e”, surgindo um triângulo retângulo cef, como mostrado:

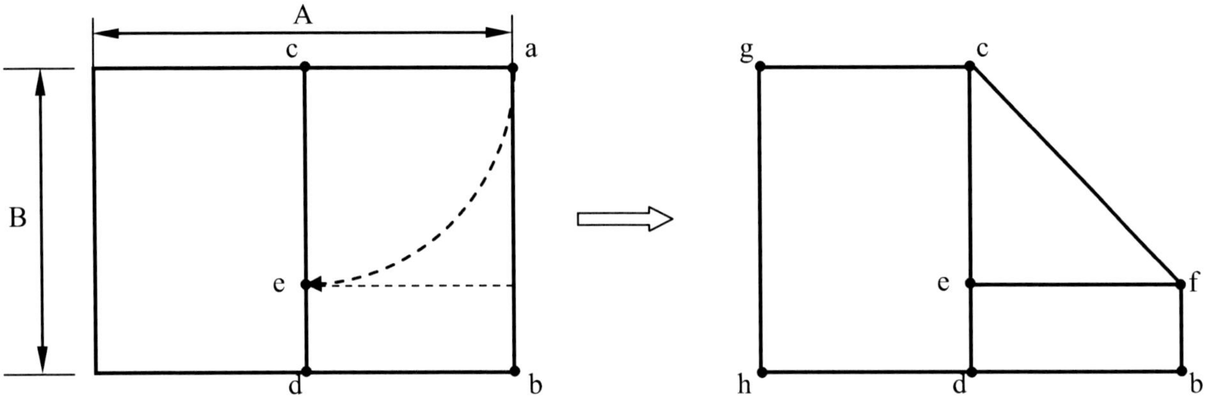

3º Passo: repito a dobra do 2º passo, agora levando a ponta “g” para a ponta “e”, surgindo dois triângulos retângulos iguais (ou congruentes): cef, cei, e dois retângulos ifbh e i’f’b’h’.

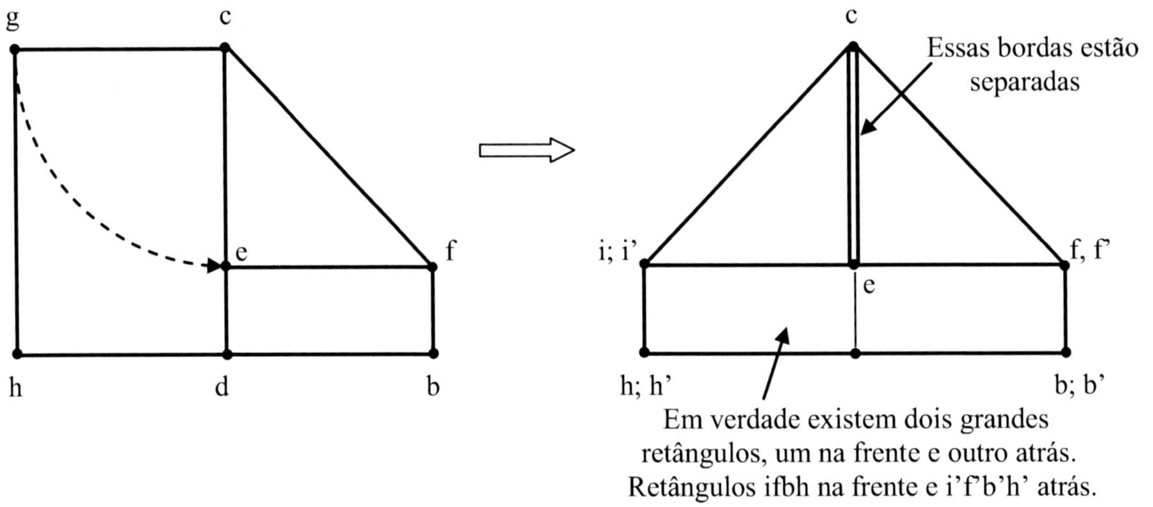

4º e 5º Passos: dobro o retângulo frontal ifbh para cima e o retângulo de trás i’f’b’h’ também para cima. Com isso, chega-se ao formato final do chapéu.

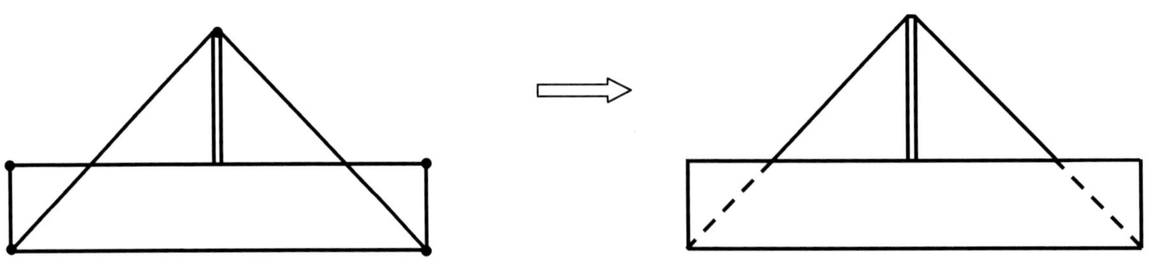

Este é o desenho plano do chapéu.

Observa-se que existem diversas outras dobras, para se obter um chapéu, chamado de soldado. Na internet tem-se acesso a muitos outros exemplos, inclusive com movimentos e explicações para cada passo.

Criando um barquinho

O objetivo é criar um barquinho como esse, onde ficam nítidos triângulos e quadriláteros. Recomenda-se usar papel na cor azul ou rosa.

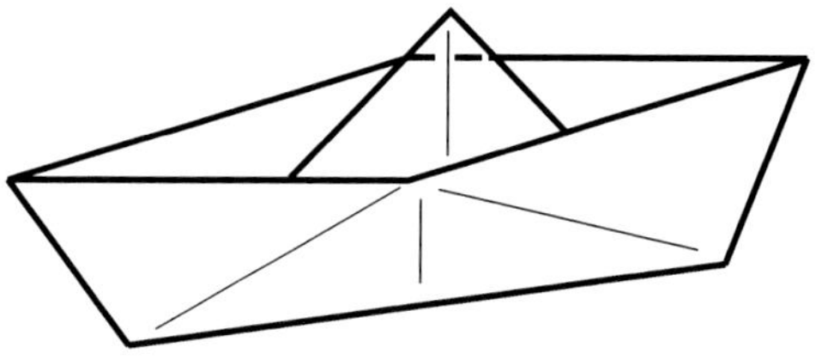

1º Passo: pega-se uma folha retangular, medindo A = 29,7 cm e B = 21 cm, que são as medidas do formato A4. Com a dimensão A = 29,7 cm, colocada na horizontal, dobro ao meio, como mostrado abaixo, ou seja, a ponta "a" vai para a posição "c" e, obviamente, a ponta "b" vai para "d":

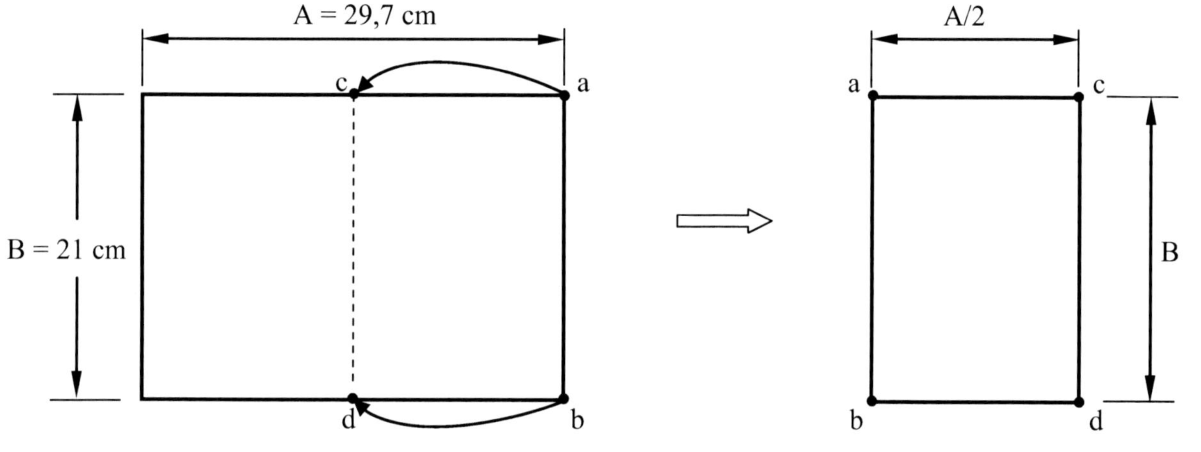

2º Passo: viro a folha dobrada a 90º, como indicada abaixo, e dobro a dimensão B ao meio:

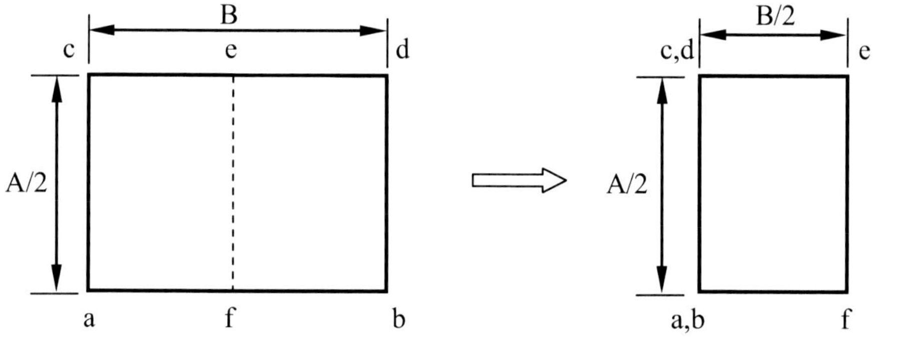

3º Passo: desdobro a folha para a posição inicial do 2º passo e dobro a ponta "d" para baixo e para a esquerda, obtendo o ponto "g" e a figura como indicada.

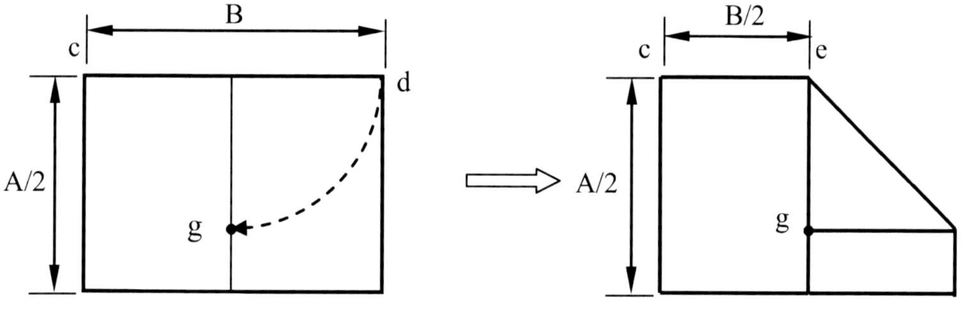

4º Passo: repito o 3º passo, dobrando a ponta "c" para o ponto "g", obtendo o ponto "g'", na mesma altura de "g", mas com uma ligeira abertura:

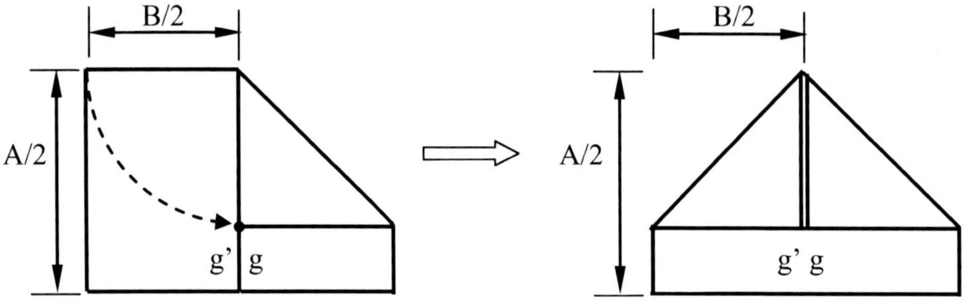

5º Passo: com o 4º passo, obtém-se uma base retangular na frente hikj e na parte de trás h'i'k'j'. Agora dobram-se os retângulos para cima, o da frente e o de trás, obtendo-se o barquinho:

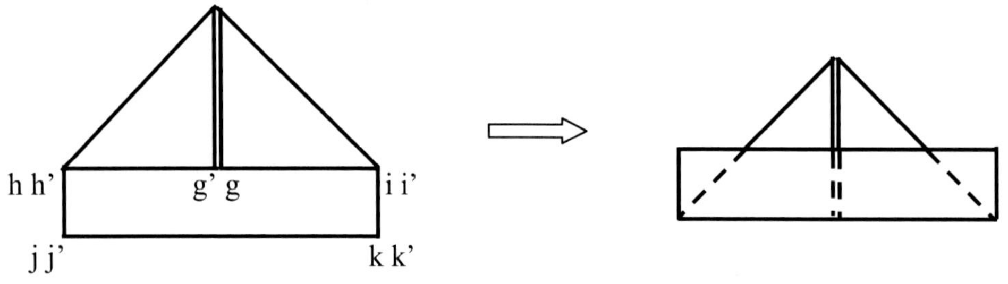

Abrindo-se a parte de baixo, obtém-se o barquinho com a imagem abaixo:

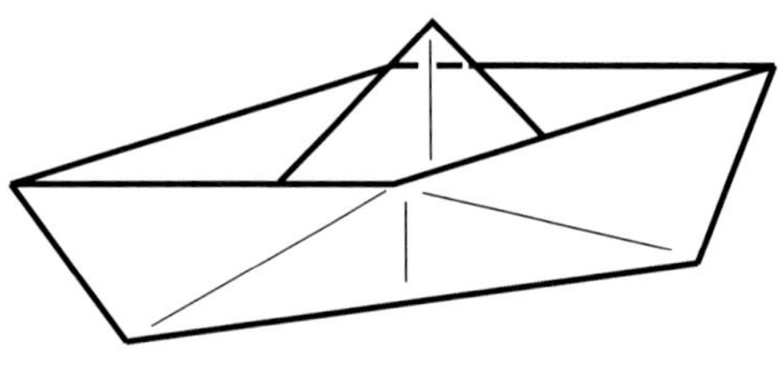

Dobrando um pássaro

A dobradura ou *origami* a seguir também tem corte com tesoura, configurando uma outra técnica chamada *kirigami*. No volume 2, dessa coleção, ou seja, para o 7º ano do Ensino Fundamental, são dados mais detalhes do kirigami, bem como do tangram. O pássaro será dobrado a partir de uma folha quadrada com 15 cm de lado. As dimensões a seguir estão divididas por quatro, ou seja: 15 cm/4 = 3,75 cm.

1º Passo: dobro folha ao meio, como indicado.

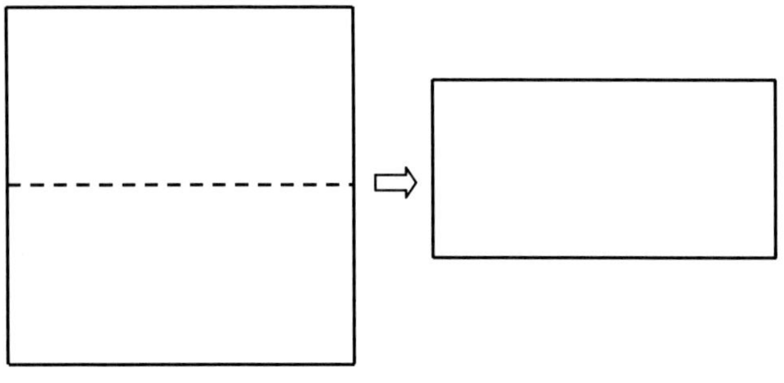

2º Passo: desdobro a folha e dobro, como indicado, dois triângulos retângulos.

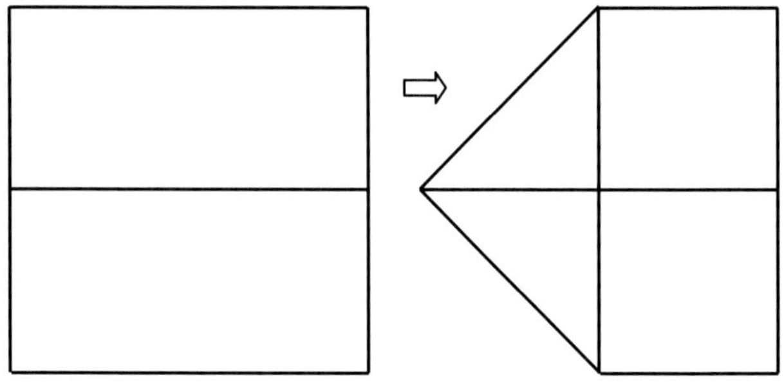

3º Passo: dobro a folha novamente, formando um trapézio retângulo, deixando a parte aberta, como indicada.

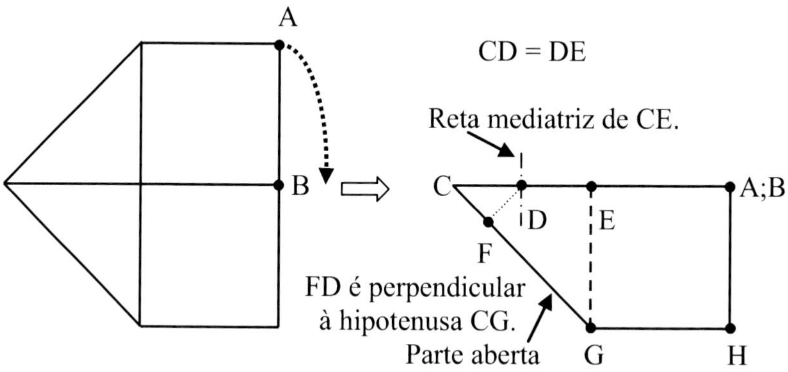

4º Passo: dobro o segmento FD para trás e para baixo, conforme Mostrado.

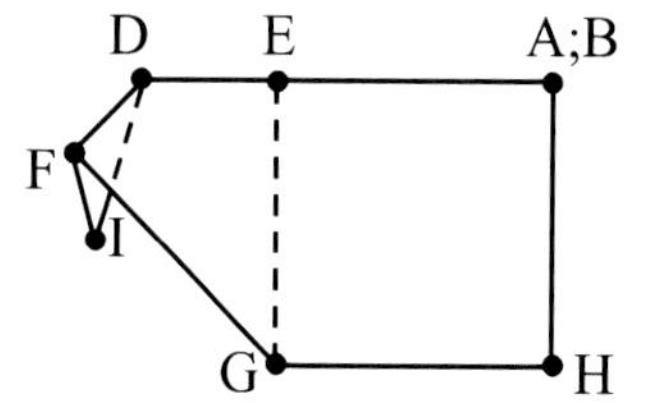

5º Passo: faço cortes, com uma tesoura, como indicado:

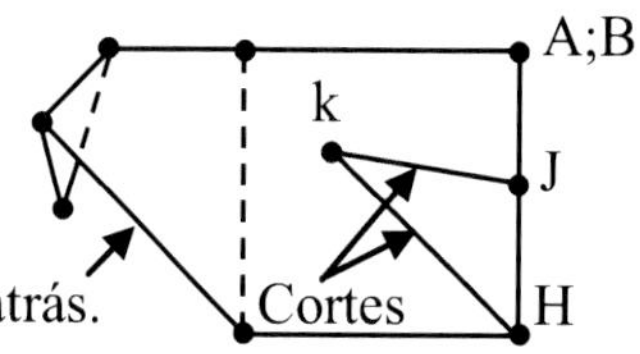

A;BJ = JH

Observa-se que, como a folha está dobrada, existe o mesmo triângulo KJH atrás.

6º Passo: dobro os triângulos KJH, da frente e de trás, como indicado, formando as asas para cima.

7º Passo: finalização do pássaro:

Triângulo frontal dobrado:

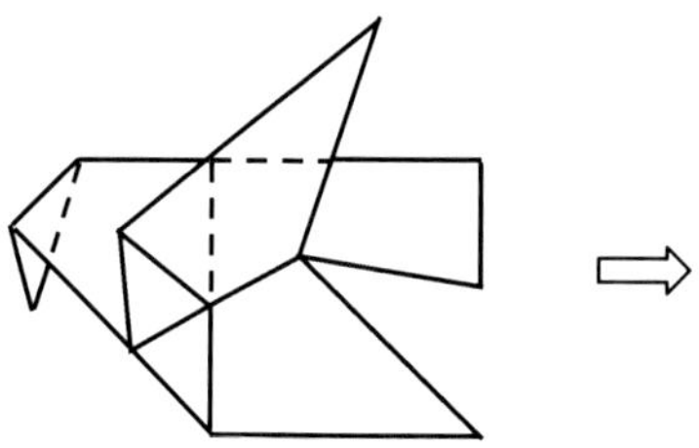

Triângulo de trás dobrado com a parte geométrica finalizada:

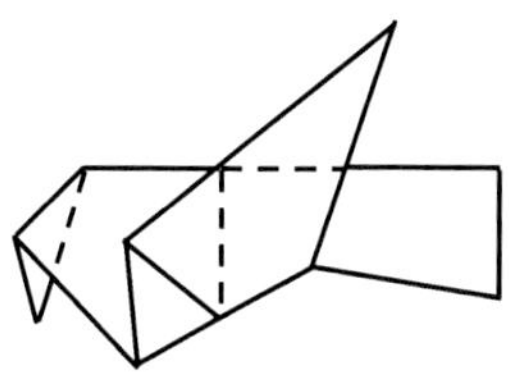

Para dar um aspecto mais real de um pássaro, pode-se rendilhar o rabo e colocar o olho:

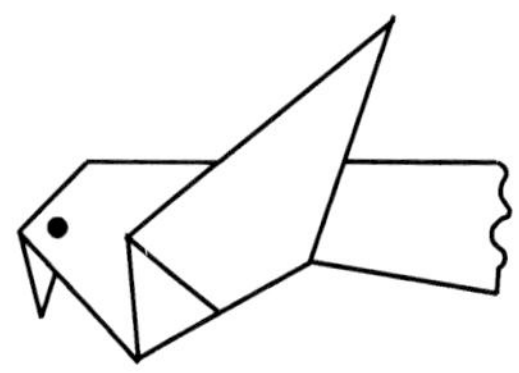

Voa passarinho, voa!

Dobrando um pentágono regular: *origami* e *kirigami*, a partir de um quadrado de lado 15 cm

A folha quadrada de 15 cm está desenhada na escala de 1:5, ou seja, 15 cm dividido por 5 é igual a 3 cm, sendo essa a medida real na página do livro.

1º Passo: dobro folha ao meio, como indicado.

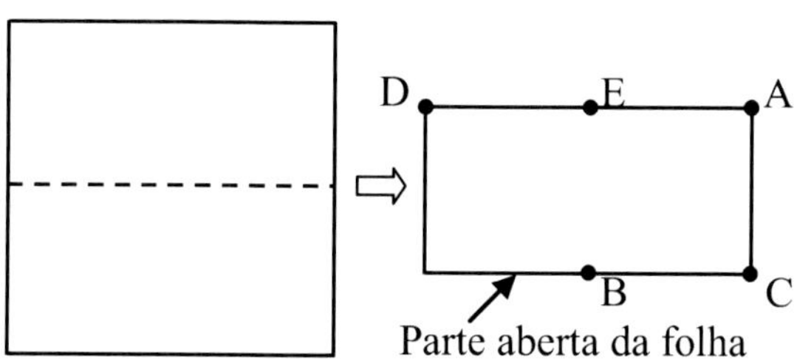

2º Passo: dobro o ponto A, até o ponto B. DE = EA.

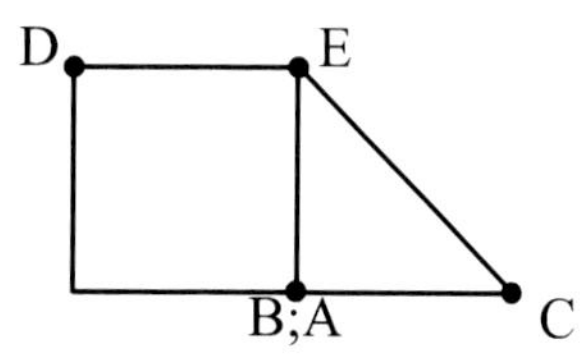

3º Passo: desdobro o 2º passo e levo o ponto C, para o ponto E.

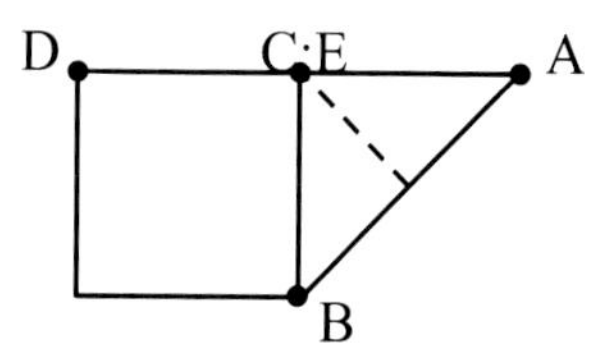

4º Passo: desdobro o 3º passo e determino o ponto F.

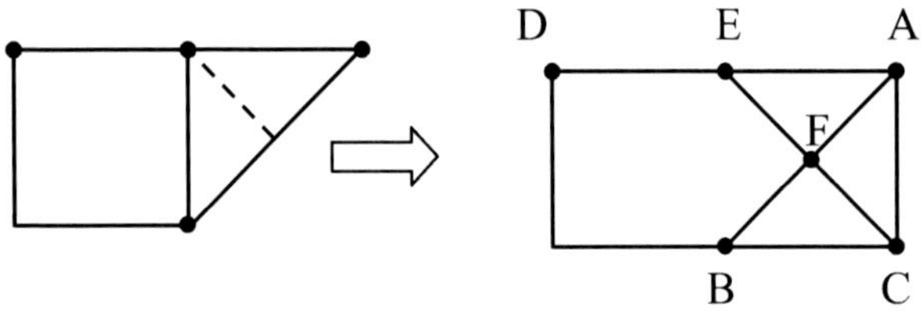

5º Passo: dobro o ponto D para o ponto F.

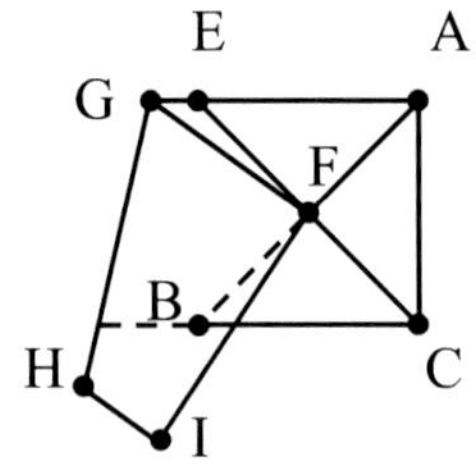

6º Passo: dobro o ponto F superior, para a esquerda, alinhando o segmento GF ao GH, obtendo os pontos J e k.

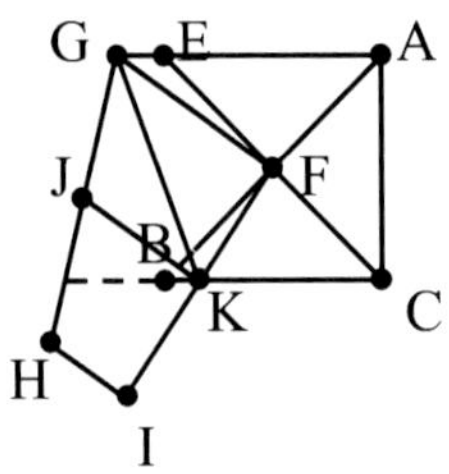

7º Passo: dobro o ponto A, para baixo e para a esquerda, de forma que o segmento GA, fique alinhado com o segmento GK. Agora o segmento GA fica abaixo da linha horizontal BKC. Surge o ponto L, como mostrado.

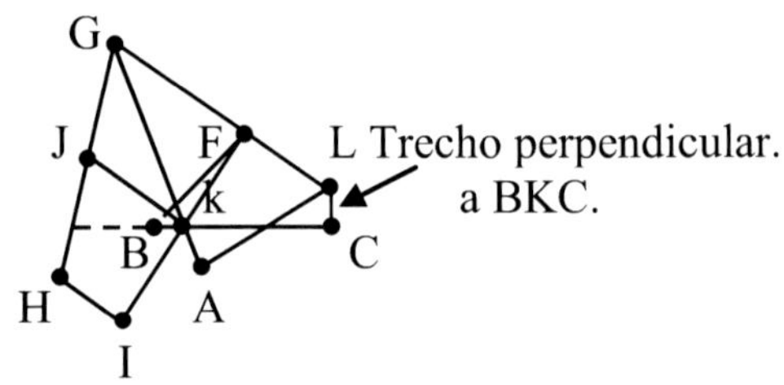

8º Passo: viro ao contrário folha com todas as dobras até aqui. Dobro a ponta H, até alinhar o segmento HG, com o segmento GL. Forma-se a figura como mostrada, destacando-se a linha XY. (Como a folha foi virada, as letras inverteram de posição).

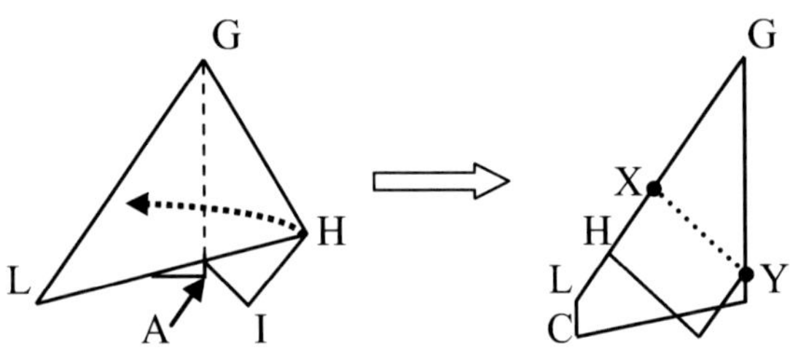

A folha virada ao contrário, fica com esta imagem.

9º Passo: corto, com uma tesoura na linha XY, formando o triângulo GXY.

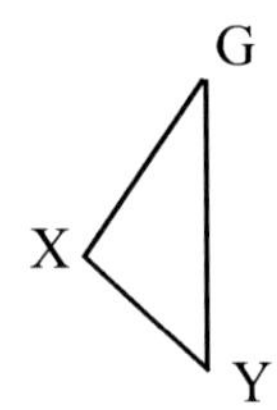

Ao abrir o triângulo GXY, com todas as dobras, surge um pentágono regular, como mostrado abaixo.

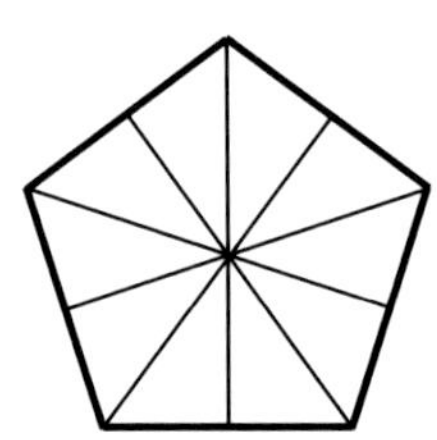

O pentágono regular que surge tem lado igual a aproximadamente 9,2 cm. Neste pentágono aparecem as dobras de todas as linhas que passam pelo centro da circunferência que inscreve o pentágono, deixando bem marcados os apótemas.

É importante frisar que, ao dobrar a folha quadrada de 15 cm de lado, deve-se usar um papel de espessura mais fina que a dos formatos A4, em geral de 75 gramas por metro quadrado. Cada dobra tem que ser feita com cuidado e precisão, para que se obtenha um polígono com todos os lados, rigorosamente, iguais.

Observa-se que, o cálculo analítico usando análises trigonométricas, mostra que um pentágono originado a partir de um quadrado de lado 15 cm, ou seja, uma circunferência de diâmetro 15 cm, resulta num pentágono regular de lado igual a 8,42 cm.

Referências

ABRANTES, José. **A Geometria Básica estudada nos Ensinos Fundamental e Médio**. Rio de Janeiro: Ciência Moderna, 2022.

ABRANTES, José; GRANADO, Renê Mendes. **Desenho Técnico Projetivo Básico**. Rio de Janeiro: Ciência Moderna, 2023.

ARUSTAMOV, Khristofor Artemyevich. **Problems in Descriptive Geometry**. Moscow: Mir Publishers, 1972.

CARVALHO, Benjamin de Araújo. **Desenho Geométrico**. Rio de Janeiro: Imperial Novo Milênio, 2008.

JANUÁRIO, Antônio Jaime. **Desenho Geométrico**. 2.ed. Florianópolis, Santa Catarina: Editora da Universidade Federal de Santa Catarina, 2006.

KRYLOV, Nikolai; LOBANDIEVSKY, Pavel; MEN, Solomon. **Descriptive Geometry**. Moscow: Mir Publishers, 1968.

MICELI, Maria Teresa; FERREIRA, Patrícia. 3.ed. Desenho Técnico Básico. Rio de Janeiro: Imperial Novo Milênio, 2008.

MORI, Iracema e ONAGA, Dulce Satiko. **Matemática: Ideias e Desafios**. (Manual do professor, 6º ano do Ensino Fundamental). 18.ed. São Paulo: Saraiva, 2016.

Impressão e acabamento
Gráfica da Editora Ciência Moderna Ltda.
Tel: (21) 2201 - 6662